AF360944

L'ACTION
DU FEU CENTRAL

BANNIE

DE LA SURFACE DU GLOBE,

ET

LE SOLEIL

RÉTABLI DANS SES DROITS.

L'ACTION DU FEU CENTRAL

BANNIE

DE LA SURFACE DU GLOBE,

ET

LE SOLEIL

RÉTABLI DANS SES DROITS;

Contre les Affertions de MM. le Comte DE BUFFON, BAILLY, DE MAIRAN, &c.

Par M. D. R. D. L. de plufieurs Académies.

Les gens fenfés fentiront toujours que la feule & vraie fcience eft la connoiffance des faits, l'efprit ne peut pas y fuppléer; & les faits font dans les Sciences, ce qu'eft l'expérience dans la vie civile. *BUFFON, Hift. Nat. Vol. I, p. 28.*

A STOCKHOLM,

Et fe vend

A PARIS,

Chez P. FR. DIDOT le jeune, Libraire-Imprimeur, Quai des Auguftins.

M. DCC. LXXIX.

FAUTES A CORRIGER.

Page 3, *ligne 3 de la Note*, avoit été échauffé par le voisinage d'une comète : *lisez*, avoit commencé par être une comète inhabitable.

Page 80, *ligne 3*, 1. 11. *lisez*, 11. 1.

LE FEU CENTRAL

BANNI

DE LA SURFACE DU GLOBE.

Rien n'eſt plus nuiſible à la Phyſique &
aux progrès des connoiſſances humaines en
général, que de donner pour des VÉRITÉS
DE FAIT (1), de pures hypothèſes, ſoutenues

---

(1) Parmi les cinq FAITS allégués comme fondamentaux
par M. de Buffon, dans ſes *Epoques de la Nature*, le troiſième
eſt celui-ci :

« La chaleur que le ſoleil envoie à la terre, eſt *aſſez petite,*
» *en comparaiſon de la chaleur propre du globe terreſtre; &* cette
» chaleur, envoyée par le ſoleil, *ne feroit pas ſeule ſuffiſante*
» *pour maintenir la nature vivante.* » Page 6 , édit. in-4°.

Il ajoute à la *page* 11 : « Mais il eſt inutile de vouloir accu-
» muler ici de nouvelles preuves d'un FAIT conſtaté par les
» expériences & par les obſervations : il nous ſuffit , *qu'on ne*

A

d'un appareil de calculs & de démonſtrations géométriques, tandis qu'on paſſe ſous ſilence ou qu'on déguiſe les faits qui détruiſent ces hypothèſes.

Le mal eſt bien plus grand encore, quand de pareilles ſuppoſitions nous ſont données avec le ton de la plus ferme confiance, par des hommes vraiment éloquens , par des eſprits ſublimes, & dont les talens ſupérieurs ont enlevé le ſuffrage & l'admiration de leurs contemporains; c'eſt alors qu'avec tout le reſpeƈt qu'on doit à ces grands hommes, il faut s'oppoſer au torrent de l'opinion, ſoutenir les droits impreſcriptibles de la Vérité, & mettre ſous les yeux du Public les faits ſans leſquels les plus brillantes hypothèſes ne peuvent ſe maintenir.

Telle eſt, entr'autres, l'hypothèſe du FEU CENTRAL, avancée par le Père Kircher, Whiſton, & nombre de phyſiciens du ſiècle dernier, rejetée par d'autres (1), remiſe en

---

» *puiſſe déſormais le révoquer en doute* , & qu'on reconnoiſſe » cette chaleur intérieure de la terre, comme un FAIT RÉEL » ET GÉNÉRAL, duquel, comme des autres faits généraux de » la nature, on doit déduire les faits particuliers. »

(1) *Voyez* (dans l'ouvrage qui a pour titre : *Eſſai ſur cette queſtion : Quand & comment l'Amérique a-t-elle été peuplée d'hom-*

vigueur par M. de Mairan, préfentée avec un nouveau luftre par M. le Comte de Buffon ; enfin adoptée & développée par M. Bailly, dans fes Lettres à M. de Voltaire, fur l'Atlantide, &c.

Je n'examinerai point ici les diverfes conféquences qu'on a tirées de cette hypothèfe, telles que le refroidiffement progreffif du globe, par la diminution fuppofée continuelle de fa chaleur interne; le commencement de la population dans les climats aujourd'hui glacés, mais autrefois brûlans, puis tempérés, du Spitzberg & du Groënland, &c. &c. Quand ces faits feroient auffi certains, auffi démontrés qu'ils le font peu, ils ne prouveroient rien pour l'exiftence du feu central, parce qu'ils pourroient être l'effet d'autres caufes qui n'auroient rien de com-

---

mes & d'animaux, par M. E. B. d'E. Amft. 1767, tome 1, page 418 & fuiv.) la réfutation du feu central de la terre admis par Whifton, qui fuppofoit que notre globe avoit été échauffé par le voifinage d'une comète : « Comète qui, di-
» foit-il, outre fon atmofphère fluide & rare, confifte dans
» un corps central étendu, compacte & folide, & qui s'ap-
» proche quelquefois fi près du foleil, que la chaleur immenfe
» qu'elle en acquiert, quoiqu'elle ceffe plustôt dans fon atmof-
» phère plus rare, ne peut fe perdre dans le corps central,
» qu'après plufieurs milliers d'années. »

mun avec l'exiftence réelle ou fuppofée de ce feu.

C'eft donc en vain que M. Bailly s'écrie dans une de fes Lettres à M. de Voltaire : « J'ofe vous preffer, Monfieur, de *croire au* » *refroidiffement de la terre*, comme vous avez » cru à l'attraction de Newton. Vous êtes » en France un apôtre de cette grande vé- » rité, je vous en offre *une autre qui mérite le* » *même hommage ;* en défendant la feconde » comme la première, vous acquerrez la » même gloire. Je vous ai développé, dans » ma dixième Lettre, *toutes les raifons phyfi-* » *ques*, qui appuient l'hypothèfe ingénieufe » de M. de Buffon. La terre a une chaleur » intérieure *qui s'évapore, qui fe diffipe :* la » terre âgée la perd avec le temps, comme » en vieilliffant nous perdons celle qui nous » anime ..... L'eau des pôles, fluide jadis , » s'eft congelée comme le métal , *lorfque la* » *grande fournaife du fein de la terre a perdu* » *fon activité.* » Lett. fur l'Atlantide, p. 440.

Or, voyons quelles font les preuves phy-fiques dont M. Bailly s'eft fervi pour établir *cette grande vérité, qui mérite ,* fuivant lui, *le même hommage* que l'attraction Newtonienne. Suivons-le pas à pas dans cette carrière; car,

[5]

puifqu'il dit avoir *développé toutes les raifons*
qui peuvent appuyer l'hypothèfe du feu central , nous ne pouvons mieux faire que de
les examiner en détail, pour favoir enfin le
degré de confiance ou de *crédibilité* (1) qu'elles méritent.

§. I. « J'aurai donc le plaifir, dit-il,
» (dans fa neuvième Lettre à M. de Vol-
» taire) de vous développer ce beau fyf-
» tême (du feu central), ou plutôt *cette*
» *grande vérité.* Elle eft la bafe de l'hypo-
» thèfe du refroidiffement de la terre (2)....
» C'eft dans la maffe même de la terre que
» réfide le feu central de M. de Mairan.....
» *C'eft une fource de chaleur bienfaifante, qui*

____

(1) Je fais que ce terme eft confacré à la théologie ; mais,
puifque M. Bailly nous *exhorte à croire* fon hypothèfe , j'ai
cru pouvoir l'employer ici. En phyfique , il n'eft qu'un feul
motif de crédibilité ; c'eft la démonftration. Quand l'Auteur
aura donné des preuves bien folides de l'énergie du feu central, on y croira tout auffi facilement que l'on croit à la rotation des planètes.

(2) « La chaleur intérieure du globe, encore aftuellement
» fubfiftante, & *beaucoup plus grande que celle qui nous vient du*
» *foleil* , nous démontre que cet ancien feu qu'a éprouvé le
» globe, n'eft pas encore, à beaucoup près, entièrement dif-
» fipé : la *furface de la terre eft plus refroidie que fon intérieur.*
» *Buff. Epoq. de la Nat. édit. in-4°, page 8.* »

» *anime la végétation, qui entretient la vie fur*
» *le globe : fans elle, nous n'exifterions pas.* »
Page 270.

RÉPONSE. Il y a fans doute à la furface
du globe une chaleur bienfaifante, qui entretient la vie & le mouvement de tous les
êtres qui l'habitent. C'eft une vérité fi palpable, qu'il fuffit de l'énoncer pour la faire
admettre : mais quelle eft la fource de cette
chaleur ? Avant de le demander, il faut convenir d'un autre fait non moins incontefta-
ble : c'eft qu'il n'y a point de chaleur fans
mouvement, ni de mouvement fans chaleur.
La chaleur eft donc produite par le mouvement (1), qui à fon tour dérive des loix de
la gravitation univerfelle, établies par le
Créateur.

Il réfulte de ces principes que perfonne ne
peut contefter, que, par-tout où il exifte
du mouvement, il doit y avoir de la chaleur, & qu'aucun corps actuellement en mouvement ne peut être dit exifter fans chaleur.

____

(1) « Le principe de toute chaleur, dit très-bien M. de Buf-
» fon, paroit être l'attrition des corps : tout frottement, c'eft-
» à-dire, tout mouvement en fens contraire entre des ma-
» tières folides, produira de la chaleur. » *Introd. à l'Hift. des*
Min. première Partie, page 22, édit. in-4°.

Je ne prétends donc pas nier dans l'intérieur
du globe l'exiftence d'une certaine quantité
de chaleur, occafionnée par la gravitation de
chacune des parties qui le compofent vers un
centre commun, ainfi que par fa rotation fur
lui-même & autour du foleil; mais je dis, &
j'efpère le prouver, que cette chaleur propre au globe, loin d'être auffi confidérable
que le foutiennent les apôtres du feu central,
& de pouvoir par-là même contribuer à vivifier fa furface, ne paffe jamais le terme de
la température des caves, que l'on fait être
de dix degrés au deffus du point de la congélation. J'ajoute que toute chaleur qui ex-
cède ce terme , foit dans l'intérieur de la
terre, foit à fa furface, eft le produit des
caufes locales mifes en jeu, tant par l'action
directe des rayons folaires fur notre globe,
que par l'action combinée de l'air & de l'eau
fur les matières pyriteufes qu'il renferme ,
même en fuppofant que cette eau ne foit
rendue fluide que par le degré de chaleur
ou de température propre au globe.

La chaleur fuperficielle & fecondaire du
globe peut être modifiée, foit en plus , foit
en moins , par différentes caufes particulières que nous examinerons bientôt ; au lieu

que la chaleur propre, primitive & essentielle de ce même globe, ne peut ni augmenter ni diminuer, s'affoiblir ou se perdre, tant que la terre conservera son mouvement actuel, & la place qu'elle occupe dans le système général des êtres.

Après cet éclaircissement nécessaire pour prévenir les objections de ceux qui auroient pu croire qu'en niant les prétendus effets du feu central, on nie en même temps (ce qu'on est bien éloigné de faire) l'existence de toute chaleur intérieure propre au globe, & indépendante de celle occasionnée à sa surface par l'action directe des rayons solaires, commençons l'examen des preuves de **M. Bailly**.

§. II.   « Si la chaleur du soleil faisoit seule » nos étés , dit-il, lorsque cet astre·abandonne certains climats , lorsqu'il s'abaisse » sur notre horizon, & n'envoie plus que des » rayons languissans, la *glace anéantiroit tout.*» (*Lettre sur l'Origine des Sc. page 270.*)

Réponse. La chaleur du soleil fait seule nos étés ; & si nous avons des hivers, c'est que le soleil n'agit pas sur la terre en raison seulement de sa plus ou moins grande proximité, mais encore en raison de la direction

[9]

plus ou moins perpendiculaire de fes rayons.
Plus ces rayons nous frappent obliquement,
moins ils ont de force ; & *vice versâ*. M. Bailly,
qui fait fes délices de l'aftronomie, & qui
vient d'en rendre l'hiftoire fi intéreffante (1),
le fait mieux que moi, & n'exige pas fans
doute que je m'arrête pour le lui prouver.

Au refte, pour que la glace n'anéantiffe
pas tout dans nos climats, lorfque le foleil
les abandonne, il n'eft pas befoin d'avoir recours au feu central. Nous ferions fort à plain-
dre, fi nous n'avions que lui pour réchauffer
notre atmofphère, & le fol glacé de nos campagnes. La Nature, cette bonne mère, a bien
d'autres moyens pour voler à notre fecours.
Elle appaife les vents du *nord ;* des vents
d'*oueft* ou de *fud-oueft*, nous ramènent des
pluies douces ou plus tempérées ; des vents
de *fud* ou de *fud-eft*, nous voiturent les chaleurs de la zône torride ; & bientôt, fans le
fecours du feu central, nous reffentons au
cœur de l'hiver les douces influences de
l'été.

____

(1) *Voyez* l'Hiftoire de l'Aftronomie ancienne & moderne,
par M. Bailly, de l'Académie royale des Sciences. *Paris,
De Bure ,* 1775*, 2 vol. in-4°.*

§. III. « Voilà, continue M. Bailly, en
» s'adreſſant à l'illuſtre poëte dont nous pleu-
» rons la perte, voilà, Monſieur, ce que je
» me propoſe de vous prouver. Il ſemble
» qu'il y ait une grande différence entre la
» chaleur & le froid que nous éprouvons ſur
» la terre, mais *nos ſens nous trompent*. La
» chaleur de l'été eſt à celle de l'hiver,
» comme 7 à 6. Pluſieurs cauſes concourent
» à rendre la chaleur plus grande en été
» qu'en hiver. 1°. L'élévation du ſoleil fait que
» ſes rayons tombent en plus grande quan-
» tité ſur un eſpace donné; & la chaleur,
» toutes choſes égales d'ailleurs, eſt propor-
» tionnelle à la quantité des rayons. 2°. Cette
» élévation produit les longs jours, où la pré-
» ſence du ſoleil échauffe plus la terre, que
» ſon abſence ne la refroidit. 3°. Il réſulte
» encore de la hauteur du ſoleil, que ſes rayons
» ont moins de chemin à faire dans l'atmoſ-
» phère pour parvenir juſqu'à nous; ils ſont
» *moins émouſſés, moins affoiblis par le choc*
» *ou la réſiſtance des parties groſſières de notre*
» *atmoſphère.* » Ibid. p. 274.

RÉPONSE. Tout le monde eſt ſans doute
porté à croire que la ſomme de chaleur qui
nous vient du ſoleil en été, ſurpaſſe de beau-

coup celle que nous recevons de cet aſtre en hiver ; & on perſuadera difficilement à un malheureux , qui meurt de froid dans ſon grenier, que *ſes ſens le trompent* , & qu'il n'éprouve alors qu'un ſeptième de chaleur de moins qu'à la canicule. On aura beau lui mettre ſous les yeux les calculs de M. de Mairan ou de M. Bailly, on ne le ramènera point. Eſt-il donc bien vrai que tout le monde ſe trompe , & que les calculs ſeuls aient raiſon ? N'y auroit-il point ici quelque méprise, quelque erreur dans les données ? ou ſi la petite différence que les calculs nous montrent entre la chaleur de l'été & celle de l'hiver , eſt réelle & bien fondée , eſt-ce au feu central qu'il faut l'attribuèr ? C'eſt ce que nous allons bientôt examiner.

Mais d'abord il paroît que M. Bailly ſuppoſe que la chaleur (produite ſuivant nous par l'action des rayons ſolaires ſur les parties denſes de notre atmoſphère & de la ſurface du globe), nous vient en droiture du ſoleil, puiſqu'il dit : Que lorſque *ces rayons ont moins de chemin à faire dans l'atmoſphère pour parvenir juſqu'à nous, ils ſont moins émouſſés, moins affoiblis par le choc ou la réſiſtance des parties groſſières de notre atmoſphère* , tandis

que c'eſt au contraire ce choc, cette réſiſtance (§. I.) des parties groſſières de notre
atmoſphère contre les rayons ſolaires ou le
fluide de la lumière, qui eſt le principe de
la chaleur (1). Or, ce choc a d'autant plus de
force, plus d'énergie, que la maſſe des rayons
ſolaires eſt plus conſidérable, que ſon action
eſt de plus de durée, qu'elle eſt enfin plus
verticale & moins interceptée; toutes cir-
conſtances qui ſe rencontrent ſeulement en
été dans nos zônes tempérées, mais perpé-
tuellement dans la torride.

La foibleſſe des rayons ſolaires ſur les hautes montagnes qui préſentent moins de ſurface, où l'air d'ailleurs eſt moins denſe,
moins chargé de parties groſſières, moins
propre à réſiſter au choc des rayons lumineux, eſt une des raiſons qui a fait recourir

---

(1) M. Marat vient de démontrer, par des expériences
nouvelles & très-ingénieuſes faites au microſcope ſolaire,
que le fluide igné, ce principe de toute chaleur, ſans être
chaud lui-même, n'exiſtoit point dans les rayons ſolaires.
« Les rayons ſolaires, dit-il, ne ſont autre choſe que la ma-
» tière de la lumière même pouſſée en droite ligne par l'ac-
» tion du ſoleil; & s'ils produiſent de la chaleur, *ce n'eſt qu'au-*
» *tant qu'ils excitent dans les corps le mouvement du fluide igné*
» *contenu.* » Voyez le Mémoire intitulé : *Découvertes de M.*
Marat ſur le feu, &c. Paris, Clouſier, 1779, in-8°, page 12.

à l'énergie chimérique du feu central. On s'est imaginé que ces fommités du globe étant plus éloignées du centre de la terre, devoient en conféquence éprouver moins l'influence du feu central que les plaines ; & la chaleur plus confidérable de ces dernières a été moins rapportée à l'action directe du foleil, regardée mal-à-propos comme très-médiocre, qu'à l'énergie fuppofée de la chaleur centrale du globe, ainfi que nous le verrons dans les paragraphes fuivans.

§. IV. « Une légère caufe, continue **M.**
» Bailly, tend à diminuer ces effets; c'eft que
» le foleil eft plus loin de nous en été qu'en
» hiver; mais cette caufe eft affez petite pour
» être négligée, & je ne ferai même aucun
» ufage de la troifième caufe. » *Ibid.*

RÉPONSE. Que M. Bailly néglige, s'il le veut, dans l'eftimation de la maffe de chaleur produite à la furface du globe par l'action de la lumière émanée du foleil, la petite différence que peut y apporter le plus ou le moins de diftance de cet aftre à la terre : mais, en bonne phyfique, eft-il le maître de faire abftraction de la *troifième caufe*, c'eft-à-dire, du plus ou du moins de perpendicularité des rayons folaires fur le globe ? caufe vraiment effentielle dans la queftion préfente, & qu'on ne peut écarter fans dénaturer les faits, le tout pour donner plus de vraifemblance à une hypothèfe dont nous démontrerons bientôt le peu de folidité.

§. V.   « Paris reçoit, d'après les calculs » de M. Halley, trois fois plus de rayons en » été qu'en hiver. M. Fatio, géomètre An- » glois, *penfoit qu'il falloit avoir égard à la* » *perpendicularité des rayons*, qui frappent » avec d'autant plus de force, qu'ils font » moins inclinés; d'où il trouvoit que la cha- » leur de l'été, abftraction faite de toute au- » tre caufe, devoit être à celle de l'hiver, » comme 9 à 1. Mais *on objecte que les diffé-* » *rentes parties de chaque terrain, étant diffé-* » *remment inclinées, reçoivent les rayons fous* » *toutes les inclinaifons poffibles, & qu'il n'y* » *a pas de raifon pour choifir l'une plutôt que* » *l'autre.* » Ibid. page 276.

Réponse. Il n'y a perfonne qui ne fente la foibleffe d'une telle objection contre le raifonnement folide de M. Fatio. En effet, fi, comme l'obferve M. de Buffon lui-même, (*Epoq. de la Nat. pages 71 & 72.*) les monta-

gnes les plus élevées du globe, étant sup-
posées de 3000 à 3500 toises de hauteur perpendiculaire, ne font, par rapport au diamètre de la terre, que ce qu'un huitième de
ligne est par rapport au diamètre d'un globe
de deux pieds : on conçoit combien ces iné-
galités du terrain qu'on objecte ici, font de
peu d'importance dans l'évaluation dont il
s'agit ; & qu'ainsi la masse du globe pouvant
être considérée, relativement au soleil, comme à peu près sphérique, ou tout au plus
comme un sphéroïde applati vers les pôles,
la perpendicularité des rayons solaires sur ce
globe, loin de pouvoir être négligée, est
au contraire une considération des plus im-
portantes dans la recherche des causes de la
chaleur excitée par cet astre à la surface du
globe, ainsi que M. Fatio l'avoit très-bien
senti.

§. VI. Poursuivons. « M. de Mairan, en
» calculant l'effet de la durée des jours pour
» augmenter la chaleur, suivant les loix des
» causes accélératrices, pense avec beaucoup
» de justesse, qu'il est en raison du carré du
» temps que le soleil reste sur l'horizon ; &
» il en conclut que la chaleur de l'été doit

» être à cet égard quadruple de celle de l'hi-
» ver. M. Bailly, pour simplifier, dit : Que
» le jour à Paris, au solstice d'été, étant de
» seize heures, & n'étant que de huit heu-
» res au solstice d'hiver, le soleil reste donc
» sur l'horizon une fois plus de temps dans
» une saison que dans l'autre ; il doit donc
» échauffer la terre au moins une fois da-
» vantage ; & , comme Paris alors reçoit trois
» fois plus de rayons, il s'ensuit que la chaleur
» doit être au moins six fois plus grande. M.
» de Mairan, (en estimant les causes que M.
» Bailly néglige), trouve que cette chaleur
» du plus grand jour d'été est presque dix-
» sept fois plus grande ; & , si on admettoit
» (comme on auroit dû faire) la considéra-
» tion de M. Fatio, on tripleroit encore ce
» rapport, & la chaleur de l'été seroit cin-
» quante fois plus grande que celle de l'hi-
» ver.» *Ibid. pages 277 & 278.*

RÉPONSE. Voilà l'écueil où ont échoué
tous les modernes adorateurs du feu central.
Ils n'ont pu concilier cette masse considéra-
ble de chaleur fournie par le soleil d'été, avec
la petite différence de 7 à 6 (§. III.) qu'ils
trouvoient par d'autres calculs, lorsqu'ils
comparoient, d'après les observations non

moins

moins sûres du thermomètre, le plus haut degré de la chaleur d'été avec celui du plus grand froid de l'hiver. Donnant la préférence au réfultat que leur fourniffoit le thermomètre, ils ont confidéré l'autre comme chimérique relativement au foleil, comme une *illufion de nos fens* (§. III.) ; ils ont fini par mettre fur le compte du feu central, cette maffe apparente de chaleur qui, fuivant le thermomètre, ne les abandonnoit pas même au milieu de la faifon des frimats ; ils ont en conféquence diminué, le plus qu'ils ont pu, l'énergie des rayons folaires ; & trouvant le rapport de la chaleur fournie par cet aftre en été, comparée à celle de l'hiver, beaucoup trop fort, s'ils admettoient celui de 50 à 1, que donne l'enfemble des caufes productrices de la chaleur, ils ont mis de côté les plus puiffantes de ces caufes, & ont encore été embarraffés du rapport le plus foible, c'eft-à-dire, de celui de 6 à 1, qu'ils ne pouvoient fe difpenfer d'admettre. Pour fe tirer d'embarras, ils ont donc rapporté au feu central les cinq fixièmes de cette chaleur ; & la force des rayons folaires a été tellement atténuée, qu'on n'a pas craint d'avancer que, fans le feu central, la Nature feroit glacée

B

au mois de juillet dans nos climats, & toute l'année dans la zône torride.

Il eſt cependant un moyen très-ſimple de ſauver l'eſpèce de contradiction que préſentent ces calculs, & cela, ſans recourir au feu central, comme nous le verrons (§. X), lorſque j'aurai expoſé la ſuite du raiſonnement de M. Bailly.

§. VII. « C'eſt par les progrès de la di-
» latation, que nous jugeons de ceux de la
» chaleur; c'eſt par les progrès de la con-
» denſation, que nous apprécions l'intenſité
» du froid. Mais la condenſation & la dilata-
» tion, le froid ou la chaleur, ne ſont qu'une
» même choſe; il n'y a de différence que
» dans le degré. La condenſation eſt une di-
» minution de la dilatation; le froid eſt une
» chaleur moins grande : le froid n'exiſte
» pas, ce n'eſt qu'une privation. La chaleur
» ſeule a une réalité d'action qui anime la
» Nature, & *donne le mouvement à tous les*
» *êtres.* » Ibid. page 281.

RÉPONSE. Tout cela eſt dans la plus exacte vérité ; il faut ſeulement ſe rappeler ici le principe poſé précédemment (§. I.); c'eſt que ſi la chaleur donne le mouvement à tous les êtres, le mouvement (qui dérive lui-même de la loi générale de l'attraction) a toujours précédé la chaleur, ou, si l'on veut, est la caufe productrice de toute chaleur; & si cette chaleur produit à son tour du mouvement, c'est qu'il est de l'essence du mouvement d'engendrer le mouvement. Aussi, comme M. Bailly le dit lui-même un peu plus bas, *le froid abfolu ne feroit que la ceffation totale de la vie & du mouvement.* Mais pourquoi ne peut-il y avoir de dilatation fans chaleur, ni de condensation fans froid? C'est que, dans le premier cas, le fluide igné s'introduit dans les corps, les dilate, y entretient le mouvement, & par conféquent la chaleur; tandis que ces mêmes corps fe condenfent, fe refferrent à l'instant où le fluide igné, qui tenoit leurs parties disjointes ou diffoutes, en y entretenant le mouvement & une chaleur locale, les abandonne pour fe porter ailleurs. Alors de tels corps n'ont plus d'autre chaleur que celle de la température du lieu qu'ils occupent; température qui varie à la furface du globe par les caufes fecondaires qui la modifient, mais qui, à l'abri de ces caufes fecondaires, comme il arrive fouvent dans l'intérieur de la terre, refte

conftamment à dix degrés au deffus de la glace,
ainfi que nous l'avons déja remarqué (§. I.),
& que nous allons bientôt le prouver (§. XVI).

§. VIII. « Ces frimats qui blanchiffent
» nos campagnes, ces vents qui nous mor-
» fondent de leur fouffle glacé, ne nous ap-
» portent qu'un moindre degré de chaleur;
» ils fufpendent la végétation, & nous per-
» mettent de vivre. *Ibid. page 281.*

RÉPONSE. Sans doute: mais pourquoi ces
vents nous apportent-ils ce moindre degré
de chaleur, puifque, de l'aveu même de M.
Bailly (§. VII.), le froid n'eft point un être
réel, & ne peut être par conféquent tranf-
porté par les vents? C'eft qu'ils nous arrivent
de ces climats glacés où le foleil

Jette de froids rayons fur de ftériles bords. *VOLT.*

de ces climats du pôle où le mouvement & la
chaleur font à peine entretenus par la courte
préfence & l'obliquité des regards de l'aftre
vivifiant qui les éclaire. A l'arrivée de ces vents,
de ces frimats dans les pays échauffés par l'action plus directe & plus prolongée du foleil,
le feu que ces pays avoient abforbé, mais
qui tend fans ceffe à fe mettre en équilibre, paffe dans l'atmofphère refroidie par ces

météores ; alors la végétation s'arrête , les eaux fe durciffent; & , fans les abris, les vêtemens & le feu artificiel que nous favons nous procurer , notre propre chaleur feroit bientôt exhalée, volatilifée. Mais , dans tout ceci, je n'apperçois point encore l'influence du feu central.

§. IX.   « M. de Mairan , qui a fuppofé le » froid abfolu à 1000 degrés au deffous de la » glace , n'a rien fuppofé de trop. M. de » Buffon penfe même que ce degré pour- » roit être reculé jufqu'à 10000. En effet , » pouvons-nous croire que l'art puiffe opérer » le froid abfolu, *où la Nature n'arrivera que* » *par la longue continuité d'une diminution in-* » *fenfible ?* » Page 289.

Réponse. Je penfe même qu'elle n'y arrivera jamais, à moins qu'il ne plaife à l'Etre fuprême de la faire rentrer dans le néant, d'où il l'a tirée. Suppofer dans la Nature une longue continuité de diminution infenfible de chaleur, c'eft fuppofer dans cette même Nature une diminution de mouvement, que nulle obfervation n'indique. On peut bien, il eft vrai, fuppofer une diminution de mouvement, & par conféquent de chaleur dans quelques parties du globe terreſtre ou des autres planètes, mais non au point d'arriver à une ceſſation totale de mouvement, tant qu'on ſuppoſera ces corps exiſtans (§. I.) Le degré du froid abſolu, loin de pouvoir être regardé comme 1000, ou comme 10000, eſt donc auſſi impoſſible à déterminer, que l'époque du repos abſolu. Paſſons cependant à M. Bailly ſa ſuppoſition.

§. X. « Suppoſons, dit-il , que le terme
» du froid abſolu ſoit plus bas que le 1000ᵉ
» degré du thermomètre de Réaumur ; &
» partons de ce terme pour compter les de-
» grés de chaleur, pour comparer la tempé-
» rature de l'été à celle de l'hiver. En pre-
» nant une ſuite d'obſervations faites à Paris
» pendant cinquante-deux années, de la plus
» grande chaleur d'été, la quantité moyenne
» entre ces cinquante-deux obſervations, eſt
» de 26 degrés au deſſus du terme de la
» glace ; &, comme nous ſuppoſons 1000
» degrés au deſſous, il en réſulte que la plus
» grande chaleur de l'été eſt à Paris de 1026
» degrés. On trouve de même, que le froid
» moyen eſt de 7 degrés au deſſous de la
» glace ; & comme ce terme a lui-même en-

» core 1000 degrés de chaleur , il s'enfuit
» que le froid moyen de nos hivers conferve
» 993 degrés de cette chaleur néceffaire. La
» chaleur de l'été à celle de l'hiver, eft donc
» comme 1026 à 993 , ou comme 32 eft à
» 31. Il n'y a donc entre le plus grand chaud
» de l'été & le plus grand froid de l'hiver,
» qu'un 32ᵉ de différence. Cependant la cha-
» leur verfée en été par le foleil , eft au
» moins fix fois plus grande, dans les mêmes
» climats , que celle qu'il leur difpenfe en
» hiver. » *Ibid. page 290-292.*

RÉPONSE. Pour mettre dans tout fon jour
la méprife caufée par ces calculs, je crois devoir placer ici les réfultats analogues qu'a
préfentés M. de Mairan dans fa Differtation
fur la glace , au Chapitre intitulé : *Du Feu
central ou intérieur de la Terre , & des princi-
paux Phénomènes qui en dépendent.*

« Plufieurs Auteurs très-éclairés , dit-il,
» tant anciens que modernes , ont reconnu
» un feu central dans la terre, ou une cha-
» leur quelconque très-profonde. Les uns &
» les autres en ont déduit l'explication de
» quantité de phénomènes ; mais aucun que
» je fache, n'en a établi l'exiftence & les ef-
» fets de la manière qui fuit.

B iv

» Je donnai en 1719 à l'Académie des
» Sciences , un Mémoire qui fut imprimé
» parmi ceux de la même année , & qui a
» pour sujet la *Cause générale du froid en*
» *hiver, & de la chaleur en été.* Il est démon-
» tré dans ce Mémoire, que la chaleur de
» l'été, dans le climat de Paris , au solstice
» d'été, en tant qu'elle résulte de cette cause,
» c'est-à-dire, de l'action du soleil sur la ter-
» re , est à la chaleur de l'hiver , au solstice
» d'hiver , tout au moins comme 66 est
» à 1.

» Par les observations & les expériences
» immédiates de M. Amontons, sur la cha-
» leur de l'été & de l'hiver dans le même
» climat, & aux solstices, la première est à
» la seconde comme 60 est à 51 $\frac{1}{2}$ (ces nom-
» bres expriment des pouces de son thermo-
» mètre) ou à peu près en raison de 8 à 7;
» c'est-à-dire, *que le chaud qu'il fait aux rayons*
» *du soleil à midi, dans le solstice d'été, ne diffère*
» *du froid qu'il fait quand l'eau se glace, qu'en-*
» *viron comme* 60 *diffère de* 51 $\frac{1}{2}$ *, ou* 8 *de* 7,
» *& que la même matière qui produit par son*
» *agitation les plus grandes chaleurs & les plus*
» *insupportables de notre climat , ayant alors*
» *8 degrés de mouvement, elle en a encore* 7

» *lorsque nous sentons un froid extrême.* »
» (Hist. de l'Acad. 1702, page 7.)

» Comment accorder, *continue M. de Mai-*
» *ran*, des résultats si différens, le rapport de
» 66 à 1 d'un côté, & celui de 8 à 7 seu-
» lement de l'autre ?

» Il ne sera pourtant pas difficile de les
» concilier, *ajoute-t-il*, si l'on considère qu'il
» n'est question dans mon Mémoire, *que de*
» *la cause générale & extérieure de la vicissitude*
» *des saisons, qui est le soleil, & de la cha-*
» *leur qui doit en résulter dans les deux solsti-*
» *ces ;* au lieu que les observations & les ex-
» périences de M. Amontons, tombent sur
» *la chaleur totale & absolue provenant du con-*
» *cours de toutes les causes quelconques, tant*
» *internes qu'externes, qui produisent la cha-*
» *leur dans l'une & l'autre saison.* » Diff. sur la
la Glace, Part. I. Chap. XI, pag. 57 & 58.

Arrêtons-nous là pour examiner quels
sont les termes de comparaison que nous of-
frent ces calculs. Nous avons, d'une part, la
somme de toute la chaleur que peut produire
en été, dans notre climat, la présence du soleil, en ne la supposant contrariée par aucuns
météores, & abstraction faite de toutes les
différentes causes qui la modifient. Cette

ſomme, comparée à celle que le même aſtre
(toujours dans la même ſuppoſition) doit
produire en hiver dans le même climat, eſt,
ſuivant les calculs les plus modérés, dans le
rapport de 6 à 1; & dans celui de 66 à 1,
ſuivant les calculs les plus exaɛts, ou les plus
rigoureux : car nous avons vu ci-deſſus (§.
VI.), qu'on évaluoit auſſi ce rapport, comme
pouvant être de 17 à 1, ou de 50 à 1.

Si l'on compare enſuite ce réſultat hypothétique avec les obſervations réelles, fournies par le thermomètre , on trouve entre
ces deux réſultats une différence énorme,
parce qu'on ne veut pas voir que le thermomètre donne le réſultat de la chaleur du ſoleil , non abſtraɛtivement priſe, mais modifiée , tempérée ou augmentée par différentes
cauſes locales & particulières.

Voilà le ſeul & véritable point de vue ſous
lequel on puiſſe enviſager ces calculs. Qu'a
fait M. de Mairan ? Préoccupé de l'hypothèſe
du feu central , il a regardé le premier de
ces réſultats comme la ſomme de la ſeule
chaleur cauſée par la préſence du ſoleil; & le
ſecond, comme la ſomme de toutes les chaleurs particulières, produites par le concours
de différentes cauſes ; & il a conclu de-là,

qu’il y avoit par toute la terre un fonds de chaleur permanent, & indépendant de la viciffitude des faifons.

Mais, pour que la conclufion de M. de Mairan pût fe foutenir, il faudroit fuppofer, contre l’expérience, que toute la maffe de la chaleur verfée par le foleil en été, dans nos climats, y demeure & s’y accumule ; alors , ne pouvant nous en envoyer qu’une quantité beaucoup moindre en hiver, il faudroit bien convenir que la maffe de chaleur qui, dans cette faifon, fait équilibre avec celle que nous avons reçue de cet aftre en été, ne vient point de lui, mais de la terre même ou du feu central, puifqu’il faut, après tout, que cette chaleur de l’hiver ait une caufe quelconque qui la produife.

Je dis donc que la fuppofition de M. de Mairan eft contraire à l’expérience ; car qui peut ignorer que cette chaleur, envoyée par le foleil d’été, eft continuellement amortie & diminuée par l’EVAPORATION , qui alors eft très-grande , & qui ne peut avoir lieu fans dépouiller la furface du globe d’une quantité furabondante de chaleur ? quantité à laquelle nous ne pourrions réfifter, fi elle étoit auffi confidérable , auffi intenfe , que les calculs hypothétiques la préſentent.

D'un autre côté, l'évaporation étant beaucoup moindre en hiver, la ſurface du globe, dans nos climats, perd moins de la chaleur qu'elle reçoit alors du ſoleil, quoique la quantité en ſoit inconteſtablement beaucoup moindre auſſi qu'en été. Il n'eſt donc pas étonnant que le thermomètre indique une auſſi foible différence entre la chaleur de l'hiver & celle de l'été, quoique la quantité verſée par le ſoleil dans ces deux ſaiſons, ſoit dans des proportions ſi diſſemblables. Il n'eſt donc plus beſoin, comme on le voit, d'avoir recours à la ſuppoſition d'un prétendu feu central ou à d'autres chaleurs particulières, pour expliquer un phénomène qui ne demandoit, pour être conçu, qu'un peu plus d'attention ſur les véritables cauſes qui le produiſent.

Perſonne n'ignore en effet qu'au plus fort de l'été il ne faut qu'un vent de *nord*, un temps couvert, un ſimple orage, une pluie abondante, pour rafraîchir d'une manière très-ſenſible la ſurface du globe dans la contrée où arrivent ces météores, tandis qu'au contraire, en plein hiver, il ne faut qu'un vent de *ſud* ou de *ſud-oueſt*, pour adoucir la rigueur de la ſaiſon, & rendre à la terre les

molécules de feu qui s'en étoient exhalées.
Ce font ces viciffitudes de l'atmofphère, & la
tendance continuelle qu'a la matière ignée
à fe volatilifer fous forme d'air ou de vapeurs
en fe combinant avec l'eau, qui caufent la
légère différence que les obfervations thermométriques indiquent entre la température
de l'hiver & celle de l'été.

Auffi voyons - nous que les chaleurs les
plus grandes, les plus infupportables, font
celles des lieux où la matière ignée s'accumule, & ne peut être volatilifée par l'évaporation. Telle eft la raifon des chaleurs étouf-
fantes qu'on éprouve dans les fables brûlans
de l'Afrique, & dans les vaftes déferts de l'A-
fie. Voilà pourquoi l'Amérique, fi couverte
d'eaux & de forêts, eft moins brûlée dans la
zône torride, que les contrées arides & découvertes de l'Afrique & de l'Afie, fituées
fous les mêmes climats. C'eft encore la raifon pour laquelle, dans nos climats tempérés, les plus grandes chaleurs ne fe font pas
communément fentir au folftice d'été, terme
de la plus haute élévation du foleil ; mais
dans les mois de juillet & d'août, où la terre,
plus défféchée par l'évaporation prefque continuelle des mois précédens, eft par-là moins

difpofée à fournir aux molécules ignées qui la pénètrent, leur véhicule, c'eft-à-dire, l'humidité néceffaire pour leur permettre de s'élever & fe diffiper en vapeurs.

Je me contenterai de ce petit nombre de faits, car ils fe préfentent en foule, pour prouver que c'eft l'Evaporation feule, & nullement le Feu central, qu'il faut déformais regarder comme la caufe de l'énorme différence qui fe trouve entre les calculs hypothétiques de la chaleur du foleil, fuppofée mal-à-propos permanente en été dans nos climats, & les obfervations thermométriques, qui dépofent évidemment le contraire.

§. XI. « Quand les glaces nous environ-
» nent, continue M. Bailly, nous devrions
» avoir perdu plus des cinq fixièmes de la
» chaleur de la terre ; nous n'en avons perdu
» réellement qu'un trente-deuxième. » *Page 293.*

Réponse. En admettant que la chaleur verfée par le foleil en été, foit au moins fix fois plus grande dans les mêmes climats, que celle que cet aftre leur difpenfe en hiver ; on peut répliquer qu'en été l'évaporation (& conféquemment la diffipation de la chaleur) eſt au moins ſix fois plus grande qu'en hiver, où l'action du ſoleil moins forte & moins verticale, jointe à un temps plus couvert & plus nébuleux, qui ſouvent nous la dérobe, cauſe une évaporation moins abondante, & par conféquent plus proportionnée à la foible chaleur que cet aſtre nous envoie alors. Il n'y a donc pas lieu d'être étonné que le thermomètre n'indique entre ces deux ſaifons qu'une différence d'un trente-deuxième, quoique les maſſes de chaleur fournies dans l'une & l'autre ſaiſon, ſoient ſi difproportionnées : d'ailleurs, le froid rigoureux & l'évaporation qu'occaſionnent les vents du nord, ſont preſque toujours de peu de durée dans notre climat de Paris ; & la chaleur qu'ils nous enlèvent pendant quinze jours à trois femaines, nous eſt promptement & plus ou moins reſtituée, ſoit par l'action directe, quoique oblique, du ſoleil ſur notre horizon, ſoit par les vents du ſud, qui nous apportent celle des contrées méridionales.

§. XII. « On trouve par un calcul fort ſim-
» ple, ajoute M. Bailly, que, pour concilier ces
» deux faits également inconteſtables, *il faut*

» *que la terre ait en hiver un fonds de chaleur*
» *environ cent cinquante fois* (M. *de Mairan*
» *trouve cinq cents fois*) *plus conſidérable que*
» *celle qu'elle reçoit dans le même temps du*
» *ſoleil*, & *vingt-cinq fois plus grande que*
» *celle des rayons d'été.* Je demande alors
» d'où peut venir cette chaleur, *que le ſoleil*
» *ne donne point à la terre* , & qu'elle con-
» ſerve dans ſon abſence. » *Ibid.* BUFF.
Epoq. de la Nat. page 8.

Voici préſentement comme s'exprime M.
de Mairan ſur le même ſujet :

« C'eſt de-là & par une courte analyſe ,
» que je conclus qu'il y a donc par toute la
» terre un fonds de chaleur indépendant de
» la viciſſitude des ſaiſons : car des obſerva-
» tions ſemblables qu'on a faites dans des
» pays connus , & de ſemblables inductions
» que nous en pouvons tirer, ne permet-
» tent pas de douter que le même principe
» ne ſoit applicable à tous les pays, ſauf les
» modifications qu'y apportera peut-être
» la complication des autres cauſes, telles
» que la latitude & la ſituation du lieu, la
» nature du ſol, &c. C'eſt par-là, dis-je, &
» d'après les élémens de calcul donnés, que
» je trouve ce fonds permanent de chaleur
» pour

» pour le climat de Paris *trois cents quatre-*
» *vingt-treize fois plus grand que le degré de*
» *chaleur de l'hiver,* en tant que celui-ci ne
» réfulteroit que de la caufe générale de la
» viciffitude des faifons. Prenant donc cette
» chaleur de l'hiver pour l'unité, il y aura
» ordinairement dans le climat de Paris, *une*
» *bafe, pour ainfi dire, de chaleur permanente,*
» *d'environ trois cents quatre-vingt-treize de-*
» *grés, fur laquelle s'élève alternativement le*
» *degré unique de chaleur de l'hiver, & les foi-*
» *xante-fix degrés de chaleur de l'été, produits*
» *par la caufe générale de la viciffitude des*
» *faifons,* & dont les fommes feront à peu
» près dans le rapport abfolu de 7 à 8, que
» donne l'obfervation immédiate. On en peut
» voir le détail & la démonftration dans le
» Mémoire même. » *Differt. fur la Glace,*
ibid.

RÉPONSE. Telle eft, comme nous venons
de le démontrer (§. X.), la fauffe conclufion qu'ont tirée de deux faits également in-
conteftables, de grands & de célèbres phyficiens faits pour entraîner tous les autres dans
leur opinion. Trouvant, par les obfervations
du thermomètre, une fi légère différence entre la température de l'hiver & celle de l'été

dans nos climats (1) ; ne pouvant d'ailleurs se perfuader que la chaleur du foleil fût bien réelle , puifque , malgré la maffe qu'il paroif- foit devoir nous en fournir , la plus forte cha- leur de l'été n'excédoit que d'un trente-deu- xième celle de l'hiver le plus rigoureux ; loin de chercher fi l'évaporation ne pouvoit pas être la caufe de ce phénomène , en appa- rence contradictoire , ils aimèrent mieux fup- pofer gratuitement à la terre un fonds de chaleur au moins cent cinquante fois plus confidérable que celui qu'elle recevoit du fo- leil en hiver , & vingt-cinq fois plus grand que celui des rayons d'été : conclufion ab- furde , & qui, comme nous le verrons, n'eft

---

(1) Il y a pourtant ici une différence effective de trente- deux degrés entre ces deux extrêmes de la chaleur d'été & de la chaleur d'hiver ; & cette différence eft confidérable , re- lativement à nos fens, feuls juges de la fenfation que l'on nomme *chaleur*. En effet, s'il n'exiftoit point d'êtres animés, il n'y auroit point, dans la nature , ce qu'on appelle de la *chaleur ,* mais feulement des fommes plus ou moins grandes de mouvement, la *chaleur* n'étant que la fenfation que nous éprouvons par ce mouvement. Or , puifque la chaleur qui réfulte du foible mouvement indiqué fur le thermomètre par le terme de la glace , eft déja nulle pour nous , à plus forte raifon les mille degrés de chaleur qu'on fuppofe au deffous de ce terme , n'exiftent-ils point pour nos fens. Ils ne font qu'une chaleur purement hypothétique , c'eft-à-dire, une ex- trême diminution de mouvement.

étayée d'aucune preuve folide ; car, fi l'on en excepte la chaleur propre au globe, & que l'expérience nous apprend n'être que de dix degrés au deffus du terme de la glace, il n'y a aucune chaleur locale & particulière, même celle qui réfulte des fermentations pyriteufes, qui ne tire fon origine du mouvement produit à la furface du globe par l'action directe des rayons folaires, ou dans fon intérieur par le concours de l'air & de l'eau, en fuppofant même celle-ci réduite au degré de chaleur néceffaire pour la rendre fluide.

§. XIII. « M. de Mairan a dit que cette » chaleur étoit intérieure, c'eft-à-dire, in- » hérente au globe. *C'étoit l'hypothèfe la plus* » *fimple qu'on pût imaginer pour rendre raifon* » *d'un fait fi fingulier,* & en même temps fi » bien démontré. S'il l'a regardée comme » centrale, c'eft qu'il a confidéré que, *ré-* » *pandant fes influences bienfaifantes fur tous* » *les points de la furface,* elle agiffoit comme » partant d'un centre ; mais il n'a point pré- » tendu par cette qualification déterminer ni » le lieu, ni l'origine de ce qui produit ces » influences. » *Ibid. pag.* 294. (1)

____

(1) « Du refte, dit M. de Mairan, que ce foit un feu vé-

RÉPONSE. En cela, M. de Mairan a très-
fagement fait ; il vouloit éviter l'écueil où
avoient échoué plufieurs de ceux qui l'a-
voient devancé dans cette hypothèfe. Il
n'ignoroit pas les objections infolubles qu'on
avoit faites à ceux qui, admettant une efpèce
de fournaife ardente au centre du globe,
s'étoient peu embarraffés d'affigner d'où ce
feu tiroit l'air & les alimens qui l'entretenoient. Au refte, quoique M. de Buffon ait
imaginé depuis une hypothèfe fort ingénieufe pour expliquer la caufe & l'origine
de ce feu central, il me femble que cet il-
luftre écrivain auroit dû commencer par
bien conftater l'exiftence de ce feu & fon degré d'intenfité ; car nous verrons bientôt que,
loin de *répandre fes influences bienfaifantes fur
tous les points de la furface du globe*, ce feu
n'a pas même la force de fondre la glace à
15 ou 20 pieds fous terre. Après ce que

» ritablement central, ou très-profond, inné avec le globe
» terreftre, ou acquis au moyen des rayons du foleil, qui
» échauffent toujours également ou à peu près un de fes
» hémifphères, c'eft ce que je ne difcuterai pas ici : quoique
» bien des raifons me perfuadent qu'il tient à la ftructure in-
» terne de la terre & des planètes en général. Il me fuffit
» que l'exiftence n'en foit pas douteufe.» *Differt. fur la Glace,*
Part. I, Chap. XI, pag. 59.

nous avons dit plus haut (*Rép. au §. X*) du rafraîchiſſement de la ſurface du globe par l'évaporation, les vents & les autres météores, on ſent qu'il eſt parfaitement inutile de recourir à la cauſe obſcure du feu central, & que le point d'où partent toutes les influences vivifiantes de la ſurface, n'eſt autre que le ſoleil.

§. XIV. « On a objeƈté à M. de Mairan, » que cette chaleur intérieure pouvoit avoir » ſa ſource dans les vapeurs bitumineuſes » qui s'élèvent des entrailles de la terre; » dans la fermentation qui fait bouillonner » les eaux & produit les volcans. Mais qu'eſt- » ce que la fermentation, ſi ce n'eſt un » mouvement inteſtin, excité dans certains » corps, à l'aide d'un degré de chaleur & de » fluidité convenables? La fermentation naît » d'une chaleur préexiſtante dans les matiè- » res qui en ſont ſuſceptibles, & en même » temps d'un état de fluidité ou d'humidité » qui en exclut la congélation. C'eſt donc » alléguer pour cauſe, ce qui n'eſt qu'un » effet; c'eſt dire que les matières où il y » a de la chaleur, produiſent la chaleur du » globe.» *Ibid.*

Réponse. Cette objection eft en effet très-futile, & fent bien la phyfique du fiè-cle dernier. Par ces vapeurs bitumineufes qui s'élèvent des entrailles de la terre, par cette fermentation qui fait bouillonner les eaux & produit les volcans, il eft clair que l'on entend la fermentation pyriteufe, & les divers phénomènes qui en font la fuite : mais cette fermentation & cette inflammation des pyrites & des fubftances bitumineufes, loin de pouvoir être affignée pour caufe du feu central, en eft totalement indépendante, & n'auroit même pas lieu, fans le concours des eaux qui, de la furface, ont pénétré dans l'intérieur de la terre.

§. XV. « Mais pourquoi, demande **M.**
» Bailly, y a-t-il de la chaleur dans ces ma-
» tières ? Elle n'y a point été portée à coup
» fûr par les rayons du foleil ; l'accès leur
» eft trop bien défendu par l'opacité de la
» terre. » *Ibid. pag.* 295.

Réponse. Il eft vrai que les rayons du foleil ne pénètrent pas dans les lieux fouterrains, & quelquefois fort profonds, où font dépofées ces couches pyriteufes ; mais il fuffit que les eaux de la furface, rendues

fluides par la chaleur du foleil, ou celles
même qui n'auroient, comme l'intérieur du
globe, que dix degrés de chaleur au deffus du
terme de la congélation; il fuffit, dis-je, que
de telles eaux pénètrent ou s'infiltrent jufqu'aux couches pyriteufes, pour y exciter la
fermentation & même l'inflammation, à l'aide
des matières bitumineufes qui fouvent ac-
compagnent ces couches.

On feroit donc dans l'erreur, fi l'on croyoit
que ces eaux euffent befoin, pour cela, d'un
degré de chaleur plus intenfe que celui qui
eft néceffaire pour les rendre fluides. Pour
foutenir le contraire, il faudroit n'avoir aucune idée de l'efflorefcence pyriteufe, non
plus que du violent degré de chaleur qui peut
réfulter du mélange de l'eau la plus froide
avec un acide concentré, également froid.

§. XVI. « Nos glacières, où la glace ne
» fond point l'été; nos caves, nos fouter-
» rains, qui confervent en tout temps la
» même température, nous apprennent que
» la marche du foleil eft indifférente, que
» les alternatives du froid & du chaud font
» étrangères, comme le jour, à ces afiles de
» la nuit. » *Ibid.*

Réponse. Oui ; mais, malheureufement
pour l'hypothèfe du feu central, ces mêmes
glacières, ces mêmes caves inacceffibles à la
clarté du jour, nous apprennent auffi que la
chaleur fouterraine que M. Bailly (§. XII.)
dit être *vingt-cinq fois plus grande que celle
des rayons d'été*, ne peut cependant fondre
la glace qu'elle rencontre dans ces mêmes
lieux ; ce qui n'empêche pas qu'on ne lui attribue (§. XXIV.) la puiffance de fondre une
partie de celle qui couvriroit la furface du
terrain fous lequel font ces caves ou ces glacières ; ce qui eft une inconféquence des plus
marquées dans le nombre de celles dont
cette hypothèfe fourmille.

Cependant, laiffez couler dans votre gla-
cière un filet d'eau de la furface, & vous ver-
rez fi votre glace ne fondra pas *dans fon afile
de la nuit*. Mais, me direz-vous, fi cette eau
n'y eût pas pénétré, la glace n'auroit pas
fondu. J'en conviens, & c'eft ce qui démontre, fans réplique, le peu d'énergie de votre
feu central. Je foutiens, par la même raifon,
que fi l'eau pluviale ou l'eau de la mer, n'eût
point pénétré dans les lieux où giffent les
pyrites & autres matières fufceptibles de fermentation, la chaleur locale & même l'in-

flammation fouterraine qui en ont réfulté,
n'auroient point eu lieu. Si vous infiftez, en
difant que toute l'eau fupportée par le fond
des mers, n'eft fluide que par l'énergie du
feu central, ce fera une nouvelle inconféquence que nous difcuterons au §. XXI.

§. XVII.   « Dira-t-on que la terre ne perd
» point en hiver autant de chaleur qu'elle
» en acquiert en été, & que le phénomène
» obfervé par M. de Mairan, eft le réfultat
» de ce qu'elle a amaffé depuis le temps de
» fon exiftence ? Mais alors la chaleur de-
» vroit augmenter annuellement fur le globe;
» la zône torride, qu'on regardoit autrefois
» comme inhabitable, le deviendroit en
» effet. » *Ibid.*

RÉPONSE. Quoiqu'une telle conclufion
foit directement contraire à celle du refroidiffement progreffif du globe, dont les divers
périodes de chaleur ont été calculés par M.
de Buffon, un phyficien diftingué (1) efpère

______

(1) M. le baron de Marivetz, dans fon *Profpectus d'un
Traité général de Géographie Phyfique. Paris, Quillau, 1779,
in-4°.* « Deux adverfaires auffi refpectables, dit-il, en parlant
de MM. le comte de Buffon & Bailly, » ne s'écartent pas
» avec une fimple fuppofition. Ce n'eft qu'après s'être ap-

pouvoir la démontrer, & regarde même *l'addition de chaleur sur la terre*, comme une de ces vérités mathématiques qu'il n'eſt pas poſſible de conteſter ; mais, en attendant l'ouvrage intéreſſant qu'il nous annonce ſur cet objet, je me contenterai de répondre ici, que l'explication du phénomène obſervé par M. de Mairan, eſt indépendante de cette vérité, ou, ſi l'on veut, de cette aſſertion, puiſqu'en conſéquence de l'évaporation, comme nous l'avons vu (§. X), la plus grande partie de la chaleur acquiſe en été par la ſurface de la terre, eſt déja diſſipée après les premières gelées de l'automne ; ce qui n'empêche pas que, par un temps plus doux, cette même ſurface ne puiſſe ſe reſſaiſir d'une portion de la chaleur qu'elle avoit perdue, & la conſerver juſqu'à ce que de nouvelles cauſes reviennent l'en dépouiller.

Ces viciſſitudes, cauſées par les *vents* dans la température des ſaiſons, ſont ſi générale-lement connues, qu'on a preſque honte d'ê-

---

» puyé ſur les principes les plus évidens, après s'être armé » des preuves les plus fortes, que l'on peut oſer combattre » les idées de deux auſſi grands hommes. … L'évidence ſeule » peut remplacer l'opinion de MM. de Buffon & Bailly. » *Pag. 13.*

tre obligé de faire remarquer aux partifans du feu central, qu'il y a telle fin d'hiver où des vents de *fud* rendent la faifon fi prématurée, que ce feu central, jufqu'alors engourdi, reprend tout-à-coup fon activité, fait monter la sève, développe les bourgeons, au point que l'on croit déja fe trouver au printemps. Cependant il ne faut que l'arrivée d'un vent de *nord* ou de *nord-oueft,* pour arrêter toute cette énergie qu'ils prêtent au feu central, ramener la neige & les frimats, lefquels, huit à quinze jours après, difparoîtront à leur tour par l'arrivée d'un fimple vent de *fud.* Or, fi les vents ont une influence fi marquée fur la température des faifons, il ne s'agit plus, pour décider la queftion qui nous occupe, que de favoir fi les vents ont pour caufe les influences du foleil fur le globe, ou s'ils font encore un des produits du feu central (1).

---

(1) « Nos payfans, dit l'Auteur de l'*Effai fur la population de l'Amérique,* difent au printemps pour raifon, lorfque les blés, les herbes, les jardinages, &c. ont de la peine à pouffer, *que la chaleur n'eft pas encore dans la terre,* ou que la terre n'eft pas encore échauffée : ils ont raifon. Quand même le foleil donne fur la furface de la terre, il ne fait que très-peu d'effet ; il faut que fa chaleur foit à un degré qu'elle puiffe échauffer le fol à une certaine profondeur,

§. XVIII. « Ajoutera-t-on que la terre,
» comme une infinité d'autres corps, n'eſt
» ſuſceptible que d'acquérir un certain de-
» gré de chaleur ? qu'arrivée à ce terme de-
» puis bien des ſiècles, ſa température reſte
» conſtante ? Mais on étend ici à tous les
» corps en général, & à la terre en parti-
» culier, ce qui n'appartient qu'aux fluides.
» L'eau ne s'échauffe point au-delà du degré
» qui la fait bouillir. Cette propriété des li-
» quides tient à leur nature volatile; les
» corps ſolides, par cela même qu'ils ſont
» ſolides, ſont toujours bien loin du degré
» de chaleur qu'ils peuvent recevoir; il faut
» qu'ils paſſent auparavant à l'état de flui-
» des, &c. » *Page 296.*

Réponse. Sans doute que la terre eſt un
corps ſolide, du moins en bonne partie;
mais M. Bailly a-t-il donc oublié la couche
immenſe d'air, ce fluide ſi élaſtique qui en-
vironne le globe ? Ne le croit-il pas capa-
ble d'abſorber ou de reſtituer à la terre la

» vivifier les racines, & faire germer les graines; ſans quoi,
» toute la force prétendue du feu central n'y fera rien. J'a-
» voue humblement que le bon ſens & l'expérience des pay-
» ſans prévaudront toujours chez moi ſur les ſpéculations des
» plus grands philoſophes. » *Tome 1, page 451.*

portion de feu qui tantòt la furcharge & la brûle, & qui tantòt lui manque ? Cette couche d'air, qui fait notre atmofphère, n'eft-elle pas tour-à-tour augmentée par l'évaporation de l'eau qui s'y promène en nuages, ou diminuée par l'abforption qu'en font ces nuages mêmes (1) ? Enfin, conçoit-on qu'on puiffe ne tenir aucun compte dans le calcul des caufes de la chaleur, de ces variations fi fréquentes de la température de la furface, occafionnées par ces météores, tandis qu'on rapporte tout à l'énergie d'un prétendu feu central, qu'on ne fait pas même où placer ?

§. XIX. « D'ailleurs, continue M. Bailly, » comme la première fource de cette cha- » leur feroit toujours à la furface, *on devroit* » *éprouver plus de froid fous terre. La liqueur* » *du thermomètre devroit defcendre, lorfqu'on* » *le tranfporte à de grandes profondeurs.* Ce- » pendant M. de Gènfane (2) obferva dans

____

(1) *Voyez* l'intéreffant Mémoire de M. Changeux, qui a pour titre : « *Recherches fur la vraie caufe de l'afcenfion & de* » *la defcente du Mercure dans le Baromètre ;* » (dans le *Journal de Phyfique du mois d'août* 1774).

(2) « Il y a quelques années, dit M. de Mairan, que je » priai M. de Genfane, correfpondant de l'Académie royale

» les mines de Giromagny, que le thermo-
» mètre qui, hors de la mine, étoit à deux
» degrés au deffus de la glace, porté à cin-
» quante toifes de profondeur, monta à dix
» degrés (1) : il s'y tint jufqu'à cent toifes ;
» mais, ayant été defcendu à une profon-
» deur de deux cents vingt-deux toifes, il
» s'éleva à 18 degrés. La chaleur augmentoit
» donc à mefure qu'on pénétroit plus avant
» dans le fein de la terre. » *Ibid. p.* 297. (2)

» des Sciences..... de faire là-deffus quelques expériences.
» (En voici le réfultat.)

Toifes de profondeur.	Degrés du thermomètre.
52	10
106	$10\frac{1}{2}$
158	$15\frac{3}{4}$
222	$18\frac{1}{6}$

» ce qui n'approche pas, ajoute M. de Mairan, des grandes
» chaleurs de notre climat, & qui, étant réduit à la réalité
» indépendante de nos fenfations, ne formera qu'un accroif-
» fement très - peu confidérable. » *Differtation fur la Glace*,
ibid. pag. 63.

(1) C'eft le terme de la température actuelle du globe,
lorfqu'elle n'eft point modifiée par quelque caufe locale.

(2) «Cette chaleur, dit M. de Buffon, nous eft démontrée
» par la comparaifon de nos hivers à nos étés : (*Voyez* ce
» qu'on doit penfer de cette démonftration, au §. X.) on la
» reconnoît encore d'une manière plus palpable, dès qu'on
» pénètre au dedans de la terre ; elle eft conftante en tous
» lieux pour chaque profondeur, & *elle paroît* augmenter à
» mefure que l'on defcend. » *Epoq. de la Nat. pag. 8.*

[47]

RÉPONSE. Cette expérience unique de
M. de Genſane, & dont MM. de Mairan, de
Buffon & Bailly font tant de bruit, a été contredite par mille autres faites en différens
temps, dans des mines encore plus profondes que celles de Giromagny, entr'autres,
à Sahlberg en Suède, à Williska en Pologne, &c. M. de Mairan convient lui-même
(*ibid. pag.* 64) que, malgré la grande profondeur de ces dernières, *on ne fait aucune
mention de la chaleur qu'on y éprouve, &
qu'il y a grande apparence qu'elle eſt fort tempérée.* « Peut-être, ajoute-t-il, que les cor-
» puſcules ſalins répandus dans l'air qu'on
» y reſpire, contribuent à cette températu-
» re, &c. »

Quoi qu'il en ſoit, l'obſervation de M. de
Genſane, tant qu'elle reſtera iſolée & contredite par toutes les autres, ne fera qu'une
preuve très-ſuſpecte en faveur du feu central. En la ſuppoſant exacte, elle prouve
ſeulement qu'il y avoit dans la mine dont il
s'agit, une chaleur produite par des cauſes
particulières, puiſque, par une foule d'obſervations faites en différens lieux & à différentes profondeurs, il eſt aujourd'hui conſtaté que, hors de la portée des rayons ſo-

laires, la chaleur fouterraine ou fous-ma-
rine, à quelque profondeur qu'on parvienne,
eſt conſtamment fixée à dix degrés au deſſus
du point de la congélation (1), à moins que
quelques cauſes locales ne modifient ce terme, ſoit en plus, ſoit en moins.

§. XX. « Voilà donc, s'écrie M. Bailly,
relativement à l'expérience de M. de Genſane, » voilà un fait qui dépoſe encore de
» cette chaleur intérieure; &, ſans cette cha-
» leur, comment y auroit-il des volcans ſous
» la vaſte étendue des mers ? » *Ibid.*

RÉPONSE. Je conçois que dans la difette
où étoient les partiſans du feu central, de
faits vraiment propres à étayer leur hypo-

---

(1) M. de Mairan, après avoir dit que la chaleur du feu
central ſe fait ſentir dans les excavations profondes, & ſe-
lon qu'elles ſont plus profondes, ajoute : « Il ne faut pas
» creuſer bien avant pour trouver d'abord une chaleur
» conſtante, & qui ne varie plus, quelle que ſoit la tem-
» pérature de l'air à là ſurface de la terre. On ſait que la
» liqueur du thermomètre ſe ſoutient toujours ſenſiblement
» pendant toute l'année à la même hauteur dans les caves de
» l'Obſervatoire, qui n'ont pourtant que quatre-vingt-quatre
» pieds ou quatorze toiſes de profondeur depuis le rez-de-
» chauſſée : c'eſt pourquoi l'on fixe à ce point la chaleur
» moyenne ou tempérée de notre climat. » *Diſſertation ſur la
Glace, ibid. pag. 60.*

théſe,

thèfe, l'expérience de M. de Genfane dût leur être fort agréable : mais un fait unique n'en peut contredire des milliers ; & quant aux volcans fous-marins, qu'on veut encore ici rapporter au feu central, j'ai déjà dit (§. XV.) qu'il fuffifoit que de l'eau froide pût s'infil-trer ou pénétrer jufqu'à des couches pyri-teufes, pour y exciter une fermentation qui, à l'aide des matières bitumineufes, telles que les houilles ou charbons de terre, &c. par-viendroit bientôt à l'inflammation. Il peut donc y avoir fous terre, ainfi que fous mer, des volcans, fans qu'il foit befoin, pour leur premier développement, d'une chaleur plus forte que celle qui peut tenir l'eau dans fon état de fluidité. Or, la chaleur fouterraine ou fous - marine de dix degrés au deffus du point de la congélation, eft plus que fuffifante pour cet objet. Il eft vrai que M. de Mairan (*ibid. pag. 65.*) attribue l'origine des trem-blemens de terre & des volcans à *la rencontre fortuite du feu avec un air très-denfe par fa pro-fondeur, & fubitement enflammé dans les ca-vernes fouterraines.* Mais ce qu'il y a de plus fingulier, c'eft qu'il difoit cela d'après un Mémoire poftérieur de trois ans à la célèbre & belle expérience du volcan artificiel de

D

Lémery, fait, comme l'on fait, avec trois corps froids, le fer, le foufre & l'eau.

§. XXI. « Comment leur maffe énorme » (des mers) ne feroit-elle pas gelée dans fa » profondeur ? On fait que les rayons du fo- » leil n'y pénètrent pas fort loin ; la tempé- » rature égale & modérée des eaux, le » prouve affez : mais à des profondeurs plus » grandes, entièrement inacceffibles aux » traits de la lumière, les *eaux de la mer* » *devroient être toujours glacées* (1), fi des

---

(1) M. de Buffon dit précifément la même chofe ; écoutons fon éloquence perfuafive. « Cette chaleur intérieure de la » terre nous eft *démontrée* par la température de l'eau de la » mer, laquelle, aux mêmes profondeurs, eft à peu près » égale à celle de l'intérieur de la terre. D'ailleurs, il eft aifé » de prouver que la liquidité des eaux de la mer, en géné- » ral, ne doit point être attribuée à la puiffance des rayons » folaires, puifqu'il eft démontré, par l'expérience, que la » lumière du foleil ne pénètre qu'à fix cents pieds à travers » l'eau la plus limpide, & que par conféquent fa chaleur » n'arrive peut-être pas au quart de cette épaiffeur, c'eft-à- » dire, à cent cinquante pieds. Ainfi toutes les eaux qui font » au deffous de cette profondeur *feroient glacées, fans la cha- » leur intérieure de la terre, qui feule peut entretenir leur liqui- » dité.* Et de même il eft encore prouvé, par l'expérience, » que la chaleur des rayons folaires ne pénètre pas à quinze » ou vingt pieds dans la terre, puifque la glace fe conferve à » cette profondeur pendant les étés les plus chauds. *Donc il*

» feux encore plus profonds ne les entre-
» tenoient dans leur état de liquidité. » *Ibid.*
pag. 298.

RÉPONSE. Quand une fois l'on s'eſt em-
barqué dans une fauſſe hypothèſe, les aſſer-
tions les plus gratuites ne coûtent rien pour
la défendre. Quoi ! parce que les rayons du
ſoleil n'atteignent pas le fond des mers, eſt-
ce à dire pour cela que ce fond ſeroit glacé,
ſans le ſecours du feu central ? Ne ſuffit - il
pas que ces eaux, de même que l'intérieur
de la terre, également inacceſſible au ſoleil,
conſervent, ainſi que l'expérience le prouve, la température de dix degrés au deſſus
du point de la congélation ? Eſt-il croyable,
eſt-il poſſible que le feu central, qui, de l'a-
veu de ſes partiſans, n'a pas la force de fondre la glace à quinze ou vingt pieds ſous
terre, ait cependant celle d'entretenir les
eaux du fond des mers dans leur état de liquidité ? La ſphère d'activité que l'on ſuppoſe
à la chaleur centrale, ne devroit-elle pas

» eſt démontré qu'il y a au deſſous du baſſin de la mer, comme
» dans les premières couches de la terre, une émanation conti-
» nuelle de chaleur, qui entretient la liquidité des eaux, & pro-
» duit la température de la terre. » Epoq. de la Nat. p. 9 & 10,
édit. in-4°.

fondre cette glace intérieure de la terre, avant que de produire fon effet à la furface? D'ailleurs, pourquoi ces eaux marines gèleroient-elles plutôt que l'eau douce que vous mettez fous terre, & qui conferve néanmoins fa liquidité à la même profondeur où la glace fe conferve en état de glace? Pourquoi les eaux des régions polaires font-elles glacées? font-elles plus éloignées du centre de la terre ou de la fphère d'activité du feu qu'on y fuppofe, que les eaux de la zône torride? Elles en font plus voifines au contraire, fi la terre eft, comme on le croit, un fphéroïde applati vers les pôles. Vous aurez beau dire que la force centrifuge porte vers la torride la plus grande partie de cette chaleur; on n'en croira rien, tant que l'on rencontrera à quinze ou vingt pieds fous terre, dans les régions glacées du Nord, la même température de dix degrés au deffus de zéro, qu'on obferve à la même profondeur dans les régions brûlées de l'Ethiopie. Convenez donc enfin que l'énergie de votre feu central eft une chimère, & reconnoiffez dans la pofition des pôles relativement au foleil, la caufe des glaces accumulées qui s'y rencontrent.

§. XXII. « Je tirerai, pourſuit M. Bailly,
» une pareille concluſion de la terre même :
» comment, dans les climats les plus froids,
» ne feroit-elle pas gelée au-delà de cinq à
» ſix pieds ? *Par-tout où l'eau pénètre, elle*
» *devroit ſe convertir en glace*, par la rencon-
» tre des molécules terreuſes qui n'ont ja-
» mais vu le ſoleil. » *Page 299.*

RÉPONSE. L'obſervation nous ayant ap-
pris que la température du globe eſt, par-
tout où les cauſes extérieures n'ont aucun
accès, de dix degrés au deſſus de la glace,
il eſt évident que, dans les climats les plus
froids, la terre ne peut être gelée qu'à quelques pieds de profondeur, par le refroidiſſement de l'atmoſphère qui néceſſite l'émiſ-
ſion des molécules ignées de la ſurface de la
terre ; mais ce refroidiſſement de la ſurface
ne s'étendant qu'à quelques pieds de profondeur, le reſte doit jouir & jouit en effet de
la température douce qui lui eſt propre. On
peut donc aſſurer que l'eau qui aura pénétré ſous cette croûte gelée, quoiqu'elle y
coule ſur des molécules terreuſes qui n'ont
jamais vu le ſoleil, n'y rencontrera jamais
un degré de froid ſuffiſant pour la convertir
en glace. C'eſt par la même raiſon que nous

avons vu (§. XVI.) que de la glace qui feroit portée à la même profondeur où l'eau
ne peut geler, faute d'un degré de froid
fuffifant, y refteroit elle-même à l'état de
glace, faute auffi d'un degré de chaleur fuffifant pour la réfoudre en eau.

§. XXIII. « D'où viennent, demande M.
» Bailly, ces eaux chaudes qui coulent dans
» le Spitzberg, à quatre-vingts degrés de la-
» titude? *La fermentation ne peut expliquer*
» *ce phénomène ;* car nous avons dit qu'il n'y
» a point de fermentation où il n'y a point
» de chaleur. *Ibid.*

RÉPONSE. Qui prouve trop, ne prouve
rien. Si la chaleur des eaux thermales n'étoit
pas le produit de caufes locales & particulières, (ce qui eft reconnu aujourd'hui des
perfonnes mêmes les moins verfées dans la
phyfique fouterraine), toutes les fources du
globe devroient être chaudes. Car enfin, l'on
ne conçoit pas pourquoi le feu central, qui
auroit affez d'activité pour échauffer les eaux
du Spitzberg, n'en auroit pas affez pour
échauffer les fources de tout le monde entier. L'activité de ce feu, comme celle de
tout autre, ne doit-elle pas s'étendre du

centre à la circonférence ? & fes défenfeurs n'ont-ils pas prétendu que fon intenfité fe rendoit plus fenfible , à proportion qu'on avançoit davantage vers le centre du globe, quoique l'expérience démente encore cette affertion (1) ? Ils alloient même autrefois jufqu'à foutenir que , fans le feu central , nous n'aurions ni fources ni fontaines ; que c'étoit ce feu qui élevoit les eaux fouterraines en vapeurs, lefquelles, condenfées par le chapiteau des montagnes , en fortoient en ruiffeaux, &c. Mais l'évaporation reconnue des eaux de la furface, a encore fuffi pour ruiner cette hypothèfe : tant il eft vrai que l'évaporation a été & fera toujours l'ennemie décidée du feu central ! A l'égard de la fermentation produite par le feul intermède de l'eau froide , on peut voir ce qui en a déja été dit dans la réponfe au §. XV.

---

(1) Quoique M. de Mairan foutienne cette augmentation de chaleur, à mefure qu'on defcend vers le centre du globe , il dit qu'elle eft très-peu fenfible , & que « cette augmenta-
» tion de chaleur, lorfqu'elle eft bien fenfible , eft plutôt
» l'effet des vapeurs fulfureufes, ou des feux réels qui s'allu-
» ment en ces endroits par le conflit de l'air & de quelques
» autres circonftances locales, que du plus de proximité du
» foyer central.» *Ibid. pag.* 61.

§. XXIV. « Lorsqu'il tombe de la neige
» après des gelées, cette neige s'amasse sur
» les champs refroidis : tout est glacé au-
» tour d'elle ; cependant elle s'affaisse, elle
» se fond par dessous. Comment la croûte
» extérieure & durcie résiste-t-elle à la cha-
» leur du soleil, tandis que la surface inté-
» rieure qui touche la terre, défendue par la
» couche entière, éprouve assez de chaleur
» pour se résoudre en eau ? Souvent la vé-
» gétation subsiste sous la neige glacée : il est
» même, dit-on, des plantes qui y fleurissent.
» La source de cette chaleur, la cause de
» cette végétation, est donc inhérente à la
» terre ; *elle est donc l'effet des émanations cen-*
» *trales.* » Ibid. pag. 300.

RÉPONSE. Il faut être bien préoccupé en
faveur d'une hypothèse, pour hasarder de
pareils raisonnemens. Quoi ! l'on veut que
les prétendues émanations centrales, qui ne
peuvent fondre la glace à quinze ou vingt
pieds sous terre (§. XXI.), aient néanmoins
assez de force pour aller fondre celle qui est
à la surface ! Mais, qu'on ne s'y méprenne
pas, les sources abondantes que fournit la
fonte d'une partie des neiges & des glacie-
res des hautes Alpes de la Suisse, &c. ne

font point un effet de l'activité du feu central. Si ces fources fortent le plus fouvent de
deffous ces amas énormes de glace qui fe
prolongent dans les vallées fous le nom de
glaciers, il n'eft aucun obfervateur qui n'ait
remarqué que ces eaux font dues, pour la
plupart, à la fonte fuperficielle des neiges &
des glaces, par la chaleur du foleil d'été ; &,
quoique cette fuperficie fe regèle de nouveau
pendant la nuit, les parties fondues pendant
le jour fe précipitant de toutes parts, & fur-
tout par les fentes du glacier, fur le fol in-
cliné qui lui fert de bafe, contribuent par
leur volume & par leur écoulement à la fonte
de la maffe inférieure & intérieure du glacier.
C'eft donc ici, comme par-tout ailleurs, la
chaleur feule produite par le foleil, & non
celle de la terre, qui occafionne la fonte
des glaces ; mais, paffé un certain point
d'élévation, l'atmofphère n'étant plus affez
denfe pour produire de la chaleur par le choc
des rayons folaires (§. III), les neiges & la
glace demeurent perpétuelles, & toute l'é-
nergie du feu central eft incapable d'y exciter la plus légère liquéfaction.

Pour ce qui eft de la neige qui s'amaffe en
hiver fur nos champs, fa croûte extérieure

& durcie, loin de réfister, comme l'avance M. Bailly, à la chaleur du foleil, diminue d'une manière peu fenfible, il eft vrai, mais très-réelle, par l'évaporation journalière qui s'en fait, lorfque la chaleur folaire ne fuffit pas pour la fondre. Quant à la fonte de la furface intérieure de cette même neige, elle n'a rien qui nous oblige à recourir aux émanations du feu central pour en rendre raifon; car, indépendamment du fumier porté, quelques mois auparavant, fur ces terres, & qui conferve fort long-temps fa chaleur, ignore-t-on que la végétation ne peut fe faire fans mouvement, & qu'aucun mouvement ne peut avoir lieu, fans un certain degré de chaleur (§. I.) ? La chaleur foible qui réfulte de la fermentation du fol où des plantes végètent, ou jouiffent de la quantité de mouvement qui leur eft propre, eft donc ici fuffifante pour produire la légère fonte des couches inférieures de la neige. Auffi peut-on remarquer qu'une pareille fonte de la neige n'a point lieu fur le pavé d'une cour ou fur une pierre nue, dépourvue de végétaux, ni même fur du bois fec & mort, à moins cependant que cette neige n'y fût tombée avant l'entière diffipation, dans l'atmofphère, des molécules de feu dont cette pierre ou ce bois s'étoient imprégnés par une chaleur antécédente; car alors ces parties de feu, qui tendent fans ceffe à fe mettre en équilibre, pafferoient bientôt de la pierre ou du bois dans la neige, & celle-ci fondroit par ce moyen, comme il arrive aux grains de grêle qui tombent l'été fur le fol échauffé de nos villes. A cette confidération de M. Bailly, M. de Buffon en ajoute une autre.

§. XXV. « Tout le monde, dit-il, a re-
» marqué dans le temps des frimats, que
» la neige fe fond dans tous les endroits *où*
» *les vapeurs de l'intérieur de la tetre ont une*
» *libre iffue*, comme fur les puits, les aque-
» ducs recouverts, les voûtes, les citernes, &c.
» tandis que fur tout le refte de l'efpace où
» la terre, refferrée par la gelée, *intercepte ces*
» *vapeurs*, la neige fubfifte & fe gèle au lieu
» de fondre. *Cela feul fuffiroit*, ajoute cet il-
» luftre Auteur, *pour démontrer que ces éma-*
» *nations de l'intérieur de la terre ont un degré*
» *de chaleur très-réel & fenfible.* » Epoq. de la
Nat. pag. 10.

RÉPONSE. Il fuffit de répondre ici à M. de Buffon, que ces émanations de chaleur n'ont

lieu dans les endroits qu'il cite, que par la
fomme de mouvement qui réfulte de ces
fources, de ces *courans d'eau*, &c. Si cet effet
provenoit, comme le penfe M. de Buffon,
des émanations du feu central, ce même feu,
ces mêmes vapeurs, auroient fans doute auffi
le pouvoir d'échauffer l'eau de nos puits, de
fondre la glace de nos glacières, &c. &c. Il
s'en faut donc de beaucoup, que de pareils
faits démontrent l'énergie du feu central.

§. XXVI. « L'égalité des étés dans toutes
» les régions de la terre, dit encore M. Bail-
» ly, eft un phénomène non moins remar-
» quable, *& une preuve non moins concluante.*
» On éprouve à Pétersbourg, en Suède, à
» Paris, une chaleur égale à celle de la zône
» torride. La feule différence, & elle eft très-
» grande fans doute pour le corps humain,
» c'eft qu'ici elle eft paffagère, & que là elle
» eft habituelle; c'eft fa durée qui la rend in-
» fupportable. Comment, Monfieur, la cha-
» leur n'eft pas plus grande, les thermomè-
» tres ne s'élèvent pas plus dans cette zône
» brûlée où le foleil eft continuellement à
» plomb fur les têtes, que dans nos climats
» qu'il ne regarde qu'obliquement! Il faut

» donc *en conclure que la terre a en réferve un*
» *fonds de chaleur, qui eft le même pour tous les*
» *climats & pour tous les hommes.* » Ibid.
pag. 301.

RÉPONSE. Cette preuve qui paroît triom-
phante à **M.** Bailly pour fon hypothèfe, ne
lui eft pas fi favorable qu'il le penfe ; c'eft
au contraire un fait qui a déja trouvé fon
explication naturelle dans ce que j'ai dit précédemment (aux §. X, XI & XII), fur les
effets naturels de l'évaporation. Qui ne voit
en effet que la maffe de chaleur produite par
la direction perpendiculaire du foleil dans la
zône torride, eft continuellement amortie,
compenfée non-feulement par une évaporation plus confidérable, & proportionnée à la
force & à la perpendicularité des rayons folaires dans ces climats, mais encore par le
moindre féjour journalier de cet aftre fur
l'horizon, puifque les nuits y font conftamment égales aux jours, tandis que dans la
faifon dont il s'agit, nos zônes tempérées
ont deux tiers de jour & plus fur un tiers
de nuit ; or on conviendra fans doute, que
cette longueur plus confidérable des nuits
dans la zône torride, doit contribuer à en
tempérer la chaleur.

De plus, on n'ignore pas que dans cette même zône torride les pays boifés ou arrofés par beaucoup d'eaux, ont une chaleur inférieure à celle des pays découverts, fecs & fablonneux. Ces vérités font fi connues du célébre aftronome que j'ofe ici combattre, que je ne puis concevoir comment elles lui ont échappé (1). N'eft-il pas infiniment plus fimple de reconnoître que la feule *évaporation* peut caufer cette égalité de chaleur des étés dans des climats auffi oppofés, que de vouloir expliquer ce phénomène, en fuppofant à la terre un fonds de chaleur en réferve, qui ne s'accorde point avec les loix connues de la nature, & qui, malgré toute l'énergie qu'on lui fuppofe, ne fe manifefte pas même à quinze ou vingt pieds fous terre ?

§. XXVII. « Le diftributeur des dons » néceffaires de l'Etre fuprême, *ne doit pas*

______

(1) L'auteur de l'ouvrage fur la Population de l'Amérique, que j'ai déja cité, parlant des ferres chaudes, & des précautions employées par nos Botaniftes pour conferver dans nos climats les plantes des pays chauds, fe fait cette queftion : » Eft-ce le feu central qui agit avec plus de force dans la zône » torride que chez nous ? où eft-ce le foleil ? *Il n'y a*, ré- » pond - il, *qu'un philofophe qui puiffe douter du dernier.* » Tom. I, pag. 451.

» *être le foleil ;* il difpenfe trop inégalement
» fes regards & fes rayons. Le mouvement
» effentiel à la vie *ne dépend pas de lui ; la*
» *fource en eft placée dans la terre même*, pour
» qu'il fe répande avec égalité dans toutes
» les parties du monde. » *Ibid. pag. 302.*

RÉPONSE. En ce cas, que M. Bailly nous
dife donc pourquoi la fource de ce mouvement effentiel à la vie n'arrive point jufqu'aux
pôles, puifque, fuivant lui, la terre eft char-
gée de le difpenfer avec tant d'égalité. Pourquoi le pôle auftral, placé dans un hémifphère où il y a fi peu de terre continentale
propre à abforber la chaleur produite à fa
furface par les rayons folaires, fe trouve-t-il
avoir quatre fois plus de glaces que le pôle
boréal, qui, comme l'on fait, a plus de con-
tinens que de mers dans fon hémifphère ?
Pourquoi la chaleur fuppofée *centrale* ne s'é-
tend-elle pas également à tous les points de
la circonférence ? En vérité, c'eft s'aveugler
foi-même, que de méconnoître dans tout
ceci l'influence des rayons folaires, qui
feuls nous vivifient. Par exemple, la propriété qu'a la chaleur de fe combiner avec
l'eau, & de fe volatilifer avec ce fluide fous
forme de vapeurs, tandis que cette même

chaleur eſt au contraire retenue par les corps ſolides qu'elle pénètre, ne donne-t-elle pas la vraie ſolution du problême propoſé ſur la différente température des deux hémiſphères ? L'illuſtre comte de Buffon convient lui-même que cette quantité de glaces, plus conſidérable au pôle auſtral qu'au pôle boréal, provient de deux cauſes étrangères, ſuivant moi, à toute l'énergie ſuppoſée du feu central (1).

§. XXVIII.   « Si vous voulez donner le
» nom de ſyſtême à *cette belle découverte*, ce
» ſera un ſyſtême *comme celui de la gravita-*
» *tion univerſelle* ; ſans être téméraire, nous
» pouvons peut-être les regarder *comme deux*
» *vérités.* On peut dire au moins que les va-

____

(1) « La première, dit-il, eſt le ſéjour du ſoleil, plus court
» de ſept jours trois quarts par an dans l'hémiſphère auſtral
» que dans le boréal ; la ſeconde & plus puiſſante cauſe, eſt
» la quantité de terres infiniment plus grande dans cette por-
» tion de l'hémiſphère boréal, que dans la portion égale &
» correſpondante de l'hémiſphère auſtral.... enſorte, con-
» tinue-t-il, que cette grande zône auſtrale étant entièrement
» maritime & aqueuſe, & la boréale preſqu'entièrement ter-
» reſtre, il n'eſt pas étonnant que le froid ſoit beaucoup plus
» grand, & que les glaces occupent une bien plus vaſte éten-
» due dans ces régions auſtrales que dans les boréales. »
Epoq. de la Nat. pag. 608, in-4°.

» riations

» riations de la température font les mêmes,
» que s'il y avoit dans le fein de la terre un
» fonds de chaleur conftant, étranger au fo-
» leil, *& dont l'intenfité fût infiniment plus con-*
» *fidérable que celle du produit de fes rayons....*
» La fortune des *vérités* eft plus durable,
» mais plus lente que celle des erreurs. L'Au-
» teur de ces vérités (M. de Mairan), eft
» tranquille; *il a gravé fur le bronze, il ne*
» *craint point la main du temps.* » Ibid. p. 202
& 203.

RÉPONSE. Si les remarques que je viens
de préfenter fur ce fyftême ont quelque folidité, je laiffe à juger au lecteur, fi M. Bailly
eft fondé à l'élever au rang des premières
vérités, & à le mettre en parallèle avec le
fyftême immortel de la gravitation univerfelle.

§. XXIX. « La chaleur centrale, conti-
» nue-t-il, eft une caufe fecrette & jufqu'ici
» inconnue, qui ne fe manifefte pas à nos
» fens (1), comme la chaleur du foleil. Com-

---

(1) « Il paroît, dit M. de Buffon, que l'on doit recon-
» noître *deux fortes de chaleur*, l'une *lumineufe*, dont le foleil
» eft le foyer immenfe, & l'autre *obfcure*, dont le grand ré-
» fervoir eft le globe terreftre Notre corps, comme faifant

» ment perfuader aux hommes, en hiver,
» lorfque le froid les pénètre, *qu'ils éprou-*
» *vent une chaleur vingt-cinq fois plus grande*

» partie du globe, participe à cette chaleur obfcure; c'eft par
» cette raifon qu'étant obfcure par elle-même, c'eft-à-dire,
» fans lumière, *elle eft encore obfcure pour nous, parce que nous*
» *ne nous en appercevons par aucun de nos fens.* Il en eft de cette
» chaleur du globe comme de fon mouvement; nous y fom-
» mes foumis, nous y participons *fans le fentir & fans nous en*
» *douter.* De-là il eft arrivé que les phyficiens ont porté d'a-
» bord toutes leurs vues, toutes leurs recherches fur la cha-
» leur du foleil, fans foupçonner *qu'elle ne faifoit qu'une très-*
» *petite partie de celle que nous éprouvons réellement :* mais ayant
» fait des inftrumens pour reconnoître la différence de chaleur
» immédiate des rayons du foleil en été, à celle de ces mêmes
» rayons en hiver, ils ont trouvé *avec étonnement*, que cette
» chaleur folaire eft en été foixante-fix fois plus grande qu'en
» hiver dans notre climat, & que néanmoins la plus grande
» chaleur de notre été ne différoit que d'un feptième du plus
» grand froid de notre hiver: d'où ils ont conclu, *avec grande*
» *raifon*, qu'indépendamment de la chaleur que nous recevons
» du foleil, *il en émane une autre du globe même de la terre, bien*
» *plus confidérable, & dont celle du foleil n'eft que le complément ;*
» *enforte qu'il eft aujourd'hui démontré que cette chaleur qui s'é-*
» *chappe de l'intérieur de la terre, eft dans notre climat au moins*
» *vingt-neuf fois en été, & quatre cents fois en hiver, plus grande*
» *que la chaleur qui nous vient du foleil.....*
   » Cette grande chaleur qui réfide dans l'intérieur du globe,
» qui fans ceffe en émane à l'extérieur, *doit entrer comme élé-*
» *ment dans la combinaifon de tous les autres élémens.* Si le foleil
» eft le Père de la Nature, cette chaleur de la terre en eft la
» Mère.... Cette chaleur intérieure du globe, qui tend tou-
» jours du centre à la circonférence, & qui s'éloigne perpen-

» *que celle du soleil en été :* & en été, lorfque
» cet aftre les brûle, *qu'ils périroient de froid ,*
» *s'ils n'étoient échauffés que par fes rayons ?*
» L'expérience trompeufe repouffe cette vé-
» rité. » *Ibid. pag. 203.*

RÉPONSE. Encore une fois, laiffons les hypothèfes, & venons au fait. Les hommes, abftraction faite du raifonnement, ne jugent de la chaleur que par l'impreffion qu'elle peut faire fur leurs fens. Or, comme nous l'avons déja remarqué (Note fur le §. XII), dans les élémens du calcul hypothétique, qui donne pour réfultat cette chaleur d'hiver vingt-cinq fois plus grande que celle du foleil en été, il ne faut pas perdre de vue qu'on a fait entrer en ligne de compte *mille degrés de chaleur,* qui font abfolument nuls pour nos fens, ou plutôt qui, étant infiniment au deffous du degré de mouvement nécef-faire à la vie animale, feroient, s'ils pouvoient

---

» diculairement de la furface de la terre, eft, à mon avis, un
» *grand agent dans la Nature.*» Introd. à l'Hift. des Minéraux,
Part. I, pag. 32-35 de l'in-4°.

Je confens à regarder avec M. de Buffon la chaleur de la furface du globe, comme un grand agent de la Nature, pourvu qu'il reconnoiffe avec moi, que cette chaleur ne nous vient pas d'ailleurs que du foleil, comme je crois l'avoir démontré par tout ce qui précède.

E ij

être fentis, un exceffif degré de froid. Il y a
plus, c'eft que, abftraction faite de nos fenfations, ces mille degrés de chaleur fuppo-
fés, font en quelque forte chimériques, puifque le premier terme de cette chaleur fuppofée eft le *froid abfolu*, qui n'exifte pas dans
la nature. (*Rép.* au §. IX). Il n'eft donc pas
vrai que les hommes, lorfque le froid les
pénètre, *éprouvent*, c'eft-à-dire, *aient le fentiment* d'une chaleur vingt-cinq fois plus
grande que celle du foleil d'été. C'eft donc
bien gratuitement que M. Bailly conclut
ainfi.

§. XXX. « On croit fentir que le foleil eft
» la fource unique de la chaleur & de la vie :
» auffi les hommes reconnoiffans fe font-ils
» profternés devant lui. L'Auteur de la lu-
» mière (*& de la chaleur, quoi qu'en dife M.*
» *Bailly*) fut le premier Dieu de l'univers.
» Tous les Guèbres ne font pas en Afie ; les
» adverfaires de M. de Mairan font encore les
» *Adorateurs du feu célefte.* » Ibid. pag. 304.
Je ne fais fi mes raifonnemens auront la
force de ramener un aftronome auffi diftingué & auffi plein de mérite que M. Bailly,
au culte d'une divinité dont il étoit fait pour

défendre les droits plutôt que pour les combattre. Mais, en attendant, je puis lui pro-
tefter que les fiens n'ont pu me faire ranger
au nombre des *Adorateurs du feu central*, &
que je perfifte à regarder le foleil comme la
fource unique de la chaleur & de la vie fur
la fuperficie du globe que nous habitons. Je
ne fuis, il eft vrai, ni Aftronome ni Guèbre,
mais je n'en fens pas moins tout ce que nous
devons à l'aftre bienfaifant qui nous éclaire.

Concluons : Le fluide de la lumière n'eft
point un être fimple, les différentes couleurs
du prifme fuffifent pour le démontrer ; or
l'état actuel de nos connoiffances nous porte
à confidérer ce fluide comme un véritable
phofphore analogue à celui que nous pré-
parons, lequel n'étant point chaud par lui-
même, c'eft-à-dire, n'excitant point en nous
le fentiment de la *chaleur*, tant que fes parties conftituantes font dans les juftes proportions d'une combinaifon parfaite, le devient
feulement par les circonftances, à l'inftant où
fes parties réagiffent les unes fur les autres,
par le choc ou l'affluence d'un principe ho-
mogène, répandu, tant dans l'atmofphère,
que dans les différens corps dont notre globe
eft compofé.

En effet, tous les corps contiennent au moins l'un des deux principes conſtituans de ce phoſphore qui compoſe le *fluide de la lumière* : ce fluide paroît même exiſter tout entier dans les ſubſtances métalliques (1); mais en général, le phoſphore, ou ſon acide, eſt très-diverſement modifié ou combiné dans les différens corps, par l'adhérence plus ou moins intime qu'il y a contractée, ſoit avec le PRINCIPE AQUEUX, ſoit avec le PRINCIPE TERREUX.

De ces quatre principes primitifs & conſtitutifs de tous les corps, les deux qui, comme nous l'avons dit, compoſent le fluide de la lumière, ſont, 1°. l'ACIDE particulièrement déſigné ſous le nom de *phoſphorique*, lorſqu'il n'eſt point modifié; 2°. le *principe inflammable*, autrement dit le PHLOGISTIQUE.

Ces deux principes, une fois combinés dans les corps, ou dans le fluide plus ou moins denſe qui compoſe notre atmoſphère, prennent les noms de *matière ignée*, de *fluide igné*, de *fluide électrique* ; ils ne ſont pas le feu, mais ils le produiſent, & le font

____

(1) *Voyez* les Lettres du docteur Démeſte au docteur Bernard. *Paris, Didot.* 1779, *in-12.*

naître toutes les fois qu'ils font mis en activité , foit par l'impulfion directe d'une nouvelle ou d'une plus grande quantité de
rayons folaires, foit par la réaction ou fermentation des principes conftitutifs des
corps, ou enfin par tout autre mouvement
réfultant de l'affinité de ces principes avec
ceux qui leur font homogènes ; affinité fondée fur les loix de l'attraction ou gravitation
univerfelle.

Ce mouvement rapide & expanfif que
nous appelons FEU lorfqu'il eft confidérable, & CHALEUR quand l'impreffion qu'il
caufe fur nos fens eft moins intenfe ou
plus modérée, peut devenir fi foible, qu'il
échappe au fens du toucher. Alors , fi le principe aqueux fe trouve joint aux deux autres
principes qui le produifent, ce mouvement
eft *lumineux fans chaleur*, comme on le voit
dans les bois pourris , les écailles de poiffon, & quantité d'autres phofphores naturels, qui ceffent d'être lumineux lorfqu'ils
fe dessèchent.

Si le mouvement que nous appelons *feu*,
devenu plus confidérable, eft encore accompagné du principe aqueux , il affecte alors
& l'organe du toucher & celui de la vue ,

fous la forme de *vapeur*, de *fumée*, de *flamme* ; & celle-ci fera d'autant plus brillante, que le mouvement fera plus intenfe, & le refte de l'efpace ambiant moins éclairé.

Enfin, fi ce mouvement que nous appelons *feu*, vient à perdre la portion d'humidité convenable pour former la *flamme* & même *l'incandefcence*, ce qui arrive toutes les fois qu'il eft privé d'air ou noyé par l'eau, il ceffe d'être *feu*, n'eft plus qu'une *chaleur* plus ou moins intenfe, & qui diminue d'autant plus rapidement, que le milieu ou les corps environnans font plus refroidis, & conféquemment plus propres à s'emparer de ce fluide igné.

La *chaleur*, le *feu*, & même la *lumière*, abftraction faite de ce qui les produit, ne font donc point des êtres ou des fubftances particulières, mais le *mouvement* confidéré en tant qu'il échauffe, qu'il brûle, qu'il éclaire, qu'il détruit, qu'il produit & qu'il modifie les différens corps foumis à fon action. Ce mouvement, plus ou moins rapide, peut être alimenté, entretenu, accéléré, ralenti par différentes caufes, mais non entièrement détruit, parce qu'il eft un effet de l'action & de la réaction des parties effentiellement diverſes de la matière les unes ſur les autres. Auſſi le *feu* ou la *chaleur* ſont-ils toujours proportionnés à la quantité de mouvement dont les corps exiſtans ſont ſuſceptibles; quantité bornée par leur nature, & qui, de même qu'elle ne peut s'accroître à l'infini, ne pourroit totalement ceſſer que par l'anéantiſſement des corps mêmes, mais qui ſubſiſtera, tant que ces corps & la matière qui les compoſe, obéiront aux loix de la gravitation que leur a impoſées le Créateur.

Ce mouvement, ce feu, cette chaleur, tend toujours à ſe mettre en équilibre, c'eſt-à-dire, à paſſer des corps qui en contiennent le plus, dans ceux qui en contiennent le moins ; admirable harmonie ! qui entretient la nature vivante : mais auſſi , par un effet de cette même loi qui la conſerve , les ſubſtances organiques périſſent & ſe diſſolvent à l'inſtant où elles viennent à perdre la portion de ce feu néceſſaire à leur exiſtence.

FAITS DÉCISIFS,

OU

ADDITION AUX PREUVES DE FAIT
déja données contre l'hypothèfe du Feu central.

LE DEGRÉ DE FROID ABSOLU IMPOSSIBLE A DÉTERMINER. (*M. de Mairan.*)

§. IX, *page 22*, *ligne 4*. Le degré du froid abfolu eft auffi impoffible à déterminer que l'époque du repos abfolu.

« Le froid abfolu eft un être purement négatif, » comme le repos ou l'obfcurité ; & le froid, en » général , n'eft qu'une moindre chaleur ou un » moindre mouvement de la part de la matière » fubtile ou du fluide quelconque qui conftitue le » feu ou la chaleur. . . . Or, comme il eft démon-» tré qu'il n'y a pas de repos abfolu dans la nature, » il l'eft de même, qu'il n'y a pas de froid abfolu.» *MAIRAN*, *Diff. fur la Glace*, *Part. I*, *pag. 31*.

REFROIDISSEMENT PRODUIT PAR L'ÉVAPORATION. (*M. Cigna.*)

§. X , *page 27*, *ligne 20*. Cette chaleur, envoyée par le folcil d'été, eft continuelle-

ment amortie & diminuée par l'évaporation, &c.

Le refroidiffement caufé par l'évaporation, eft un
fait établi par M. de Mairan lui-même (*Diff. fur la
Glace , Part. II, chap. 8 , pag. 250 & fuiv.*), &
ce fait eft aujourd'hui connu de tous les phyficiens.
Voyez la Differtation de M. Cigna , de l'Académie de Turin , fur le froid produit par l'évaporation , & fur quelques phénomènes analogues , *infé-
rée dans le Journal de Phyfique , du mois de juillet
1772.*

« M. Euler, y eft-il dit, a remarqué, & M. de
» Mairan avant lui , que fi on arrofe la boule d'un
» thermomètre, non-feulement avec de l'eau, mais
» encore avec les autres liqueurs qui font au même
» degré de chaleur que l'air ambiant, la liqueur
» contenue dans le thermomètre baiffe, & continue
» de defcendre jufqu'à ce que la boule foit sèche ;
» & fi on mouille de nouveau cette boule, la li-
» queur defcend encore plus bas.

» Plus la liqueur avec laquelle on mouille la
» boule, fera volatile (toutes chofes d'ailleurs éga-
» les), plus la liqueur contenue dans le thermomè-
» tre defcendra. Cet abaiffement eft beaucoup plus
» fenfible dans le vide que dans l'air.

» M. de Mairan, ajoute M. Cigna, conclut avec
» raifon, d'après ces phénomènes, que l'abaiffe-
» ment de la liqueur du thermomètre dépend de
» l'évaporation ; que cette évaporation eft accélérée
» par le vent ; qu'elle eft plus confidérable dans un

» air rare, puiſque la liqueur y deſcend plus bas,
» &c. » Enfin, M. Cigna conclut de pluſieurs autres expériences qu'il faut lire dans le Mémoire
même, que ce n'eſt pas l'air qui eſt la cauſe de
l'évaporation, mais plutôt la chaleur ou quelque
autre action qui raréfie les liqueurs.

QUANTITÉ DE L'ÉVAPORATION.
(*Le P. Cotte.*)

§. XI, *page 30*, *ligne dernière*. On peut
répliquer, qu'en été l'évaporation (& con-
ſéquemment la diſſipation de la chaleur),
eſt au moins ſix fois plus grande qu'en hiver.

Pour ne laiſſer aucun doute ſur cette aſſertion,
il eſt à propos de mettre ici ſous les yeux du lecteur, un extrait des obſervations météorologiques
faites à Montmorency par le P. Cotte de l'Oratoire,
& inſérées dans le Journal de Médecine de l'année
dernière.

Novembre	Plus grand degré de chaleur,	14 deg.
1777.	Moindre degré de chaleur,	$-1\frac{1}{8}$
	Différence,	$15\frac{1}{8}$
	Quantité de pluie,	11 lig.
	d'évaporation,	15
	Différence,	4

Température douce & humide.

Décembre.   Plus grand degré de chaleur, $8\frac{3}{4}$ deg.

Moindre degré de chaleur,   —6

Différence, $14\frac{3}{4}$

Quantité de pluie,   22 lig.

d'évaporation,   8

Différence,   14

Température humide & très-froide.

Janvier   Plus grand degré de chaleur,   8 deg.

1778.   Moindre degré de chaleur, $-5\frac{5}{8}$

Différence, $13\frac{5}{8}$

Quantité de pluie, $30\frac{1}{4}$ lig.

d'évaporation,   7

Différence, $23\frac{1}{4}$

Température froide & humide.

Février.   Plus grand degré de chaleur, $7\frac{1}{8}$ deg.

Moindre degré de chaleur,   —3

Différence, $10\frac{1}{8}$

Quantité de pluie, $20\frac{1}{4}$ lig.

d'évaporation,   6

Différence, $14\frac{1}{4}$

Température froide & humide.

Mars. Plus grand degré de chaleur, $12\frac{3}{8}$ deg.
Moindre degré de chaleur, $-1\frac{1}{4}$

Différence, $13\frac{5}{8}$

Quantité de pluie, $13\frac{1}{4}$ lig.
d'évaporation, 27
Différence, $13\frac{3}{4}$

Température froide & humide.

Avril. Plus grand degré de chaleur, 19 deg.
Moindre degré de chaleur, —0

Différence, 19

Quantité de pluie, 17 lig.
d'évaporation, 53
Différence, 36

Température variable très-chaude & très-
sèche.

Mai. Plus grand degré de chaleur, $17\frac{3}{4}$ deg.
Moindre degré de chaleur, $5\frac{1}{2}$

Différence, $12\frac{1}{4}$

Quantité de pluie, $19\frac{3}{4}$ lig.
d'évaporation, 55
Différence, $35\frac{1}{4}$

Température variable, mais, en géneral,
froide & humide.

Juin. Plus grand degré de chaleur, 23 $^{deg.}$
Moindre degré de chaleur, $5\frac{3}{4}$

Chaleur moyenne, 13.9

Quantité de pluie, $17\frac{1}{2}$ $^{lig.}$
d'évaporation, 68
Différence, $50\frac{1}{2}$

Température variable, froide & humide d'abord, chaude & sèche ensuite.

Juillet. Plus grand degré de chaleur, 25.5 $^{deg.}$
Moindre degré de chaleur, 10.0

Chaleur moyenne, 16.1

Quantité de pluie, $23\frac{1}{2}$ $^{lig.}$
d'évaporation, 84
Différence, $60\frac{1}{2}$

Température sèche & très-chaude.

Août. Plus grand degré de chaleur, 24.0 $^{deg.}$
Moindre degré de chaleur, 7.5

Chaleur moyenne, 16.0

Quantité de pluie, $1\frac{1}{4}$ $^{lig.}$
d'évaporation, 110
Différence, $108\frac{3}{4}$

Température très-chaude & très-sèche.

Septembre. Plus grand degré de chaleur, 17.4 deg.

Moindre degré de chaleur, 3.0

Chaleur moyenne, 11.1

Quantité de pluie, $19\frac{3}{10}$ lig.

d'évaporation, 51

Différence, $31\frac{7}{10}$

Température douce & sèche, en général.

Octobre. Plus grand degré de chaleur, 16.0 deg.

Moindre degré de chaleur, —0.1

Chaleur moyenne, 7.7

Quantité de pluie, $40\frac{1}{2}$ lig.

d'évaporation, 21

Différence, $19\frac{1}{2}$

Température très-variable, en général froide & très-humide.

SUR LA FOURNAISE CENTRALE DU GLOBE.
(*M. Formey.*)

§. XIII, *page 36, ligne 4.* Il n'ignoroit pas les objections insolubles qu'on avoit faites à ceux qui, admettant une espèce de fournaise ardente au centre du globe, s'étoient peu embarrassés d'assigner d'où ce feu tiroit l'air, & les alimens qui l'entretenoient.

« Quelques

[81]

« Quelques phyficiens avoient placé au centre
» de la terre un *feu* perpétuel, nommé *central*, à
» caufe de fa fituation prétendue ; ils le regardoient
» comme la caufe efficiente des végétaux, des mi-
» néraux & des animaux. Etienne de Clave emploie
» les premiers chapitres du XIe Livre de fes Traités
» philofophiques, à établir l'exiftence de ce feu.
» René Bary en parle au long dans fa Phyfique, &
» s'en fert à expliquer, entre autres chofes, la ma-
» nière dont l'hiver dépouille les arbres de leur ver-
» dure. Comme la chaleur du foleil ne pénètre ja-
» mais plus de dix pieds en avant dans terre, ils at-
» tribuoient à ce feu toutes les fermentations &
» productions qui font hors de la portée de l'action
» de cet aftre. Le feu central, qu'ils appeloient *le*
» *foleil de la terre*, concouroit dans leur fyftême
» avec le foleil du ciel à la formation des végétaux.
» M. Gaffendi a chaffé ce feu du pofte qu'on lui
» avoit affigné, en faifant voir qu'on l'avoit placé
» fans raifon dans un lieu où l'air & l'aliment lui
» manquoient. » Article de M. Formey dans l'En-
cyclopédie, au mot *Feu central*.

EXPÉRIENCE DE M. DE GENSANE, CON-
TREDITE. (*M. L'abbé Rozier.*)

§. XIX, *page 47, ligne première.* Cette
expérience unique de **M.** de Genfane, a été
contredite par mille autres, &c.

» **M.** de Genfane prétend que plus on defcend
» en avant dans notre globe, plus la chaleur aug-

F

» mente. Cette conclufion n'a-t-elle pas été dé-
» mentie par une foule d'obfervateurs? Je n'en choi-
» firai que deux exemples pris chez les modernes.
» M. Guettard affure que le thermomètre de M. de
» Réaumur s'eft montré conftamment, à 1500 pieds
» de profondeur (250 toifes), dans les mines de fel
» de Williska en Pologne, à dix degrés au deffus
» de zéro. M. Monnet a trouvé que le même ther-
» momètre marquoit conftamment dix degrés à 280
» toifes, c'eft-à-dire, à 1680 pieds de profondeur per-
» pendiculaire, dans les mines de Joachimfthal en
» Bohême, *ce qui eft la plus grande profondeur où*
» *les mineurs foient defcendus jufqu'à ce jour.* Ce
» fait feroit encore aifé à examiner dans les mines
» de Giromagny en Alface, qui ont 222 toifes
» (1332 pieds) de profondeur. Tels ont été tous
» les lieux profonds dans lefquels nous fommes def-
» cendus. La chaleur y a toujours été la même,
» & au même degré que dans les caves de l'Obfer-
» vatoire de Paris. » *Journal de Phyfique de M. l'abbé*
Rozier, mois de feptembre 1777, pag. 234.

Température égale de l'intérieur du Globe. (*M. L'abbé Chappe.*)

§. XXI, *page 52, ligne 17.* On n'en croira
rien, tant qu'on verra à quinze ou vingt pieds
fous terre, dans les régions glacées du nord
de l'Afie, la même température de dix degrés, qu'on obferve à la même profondeur
dans les régions brûlées de l'Ethiopie.

« J'avois lu dans quelque voyageur, dit l'abbé
» Chappe, que le terrein ne dégeloit à Tobolsk,
» pendant l'été, que de quelques pieds de profondeur.
» Je fus confirmé dans cette idée par un habitant de
» cette ville. Mes obfervations journalières m'ayant
» rendu fon autorité fufpecte, je fis d'abord creufer
» la terre jufqu'à dix pieds : elle étoit dégelée. Je
» fis encore creufer la terre de quatre pieds, fans
» qu'elle fût gelée. J'y enfonçai enfuite mon épée
» jufqu'à la garde, avec la plus grande facilité. Il eft
» donc bien conftant que le terrein dégèle totale-
» ment à Tobolsk, puifqu'il l'eft à 16 pieds de pro-
» fondeur. » *Voyage en Sibérie, tom. I, pag. 89.*

FONTE DES GLACIERS. (*M. Beſſon.*)

§. XXIV, *page 57, ligne 5.* Il n'eft aucun obfervateur qui n'ait remarqué qu'elles
font dues (ces fources) à la fonte des neiges
& de la furface des glaciers, par la chaleur
du foleil d'été.

« La glace eft plus difficile à parcourir, *avant que*
» *le foleil n'en ait fondu la fuperficie,* parce que la
» partie dégelée pendant le jour, s'eft regelée la
» nuit, & y a formé un verglas très-uni. » *Difcours
fur l'Hiftoire naturelle de la Suiſſe, par M. Beſſon,*
pag. xxj, édit. in-fol.

« Les fentes, dans le bas du glacier, font dans
» fa direction, c'eft-à-dire, en long & fuivant le
» fil des eaux qui en découlent fur le glacier.... La
» fente s'élargit & fe rétrécit *felon la direction*

» *dans laquelle le soleil a dardé ses rayons , & a fondu*
» *davantage ses côtés.* » Ibid. pag. xxij.

» Dans le plus fort de l'hiver, il sort toujours de
» l'eau par dessous le glacier. *L'été , la fonte est con-*
» *sidérable ;* aussi les fleuves & les rivières qui tirent
» leurs sources des montagnes où il y a des gla-
» cières, *ne se débordent que dans les grandes cha-*
» *leurs de l'été.* » Ibid.

» Les pierres mêmes qui sont au milieu du gla-
» cier, sont entourées d'un creux occasionné par la
» fonte de la glace; *elle l'est davantage* (fondue)
» *du côté où les pierres ont reçu en plein les rayons*
» *du soleil.* » Ibid.

» Les affaissemens se font plus souvent la nuit, *à*
» *cause de la fonte du jour.* L'eau qui s'est gelée
» dans les fentes, occasionne aussi des dilatations &
» des craquemens , mais moins considérables que
» par les affaissemens , &c. » *Ibid.*

» Les eaux du torrent (du Grindelwald) augmen-
» tent vers le soir, par la fonte du glacier , *occasion-*
» *née par la chaleur du jour.* C'est comme l'égoût de
» toutes les eaux du glacier qui forment ce torrent.»
Ibid. pag. xlix. Tous ces faits sont confirmés par
les observations de M. Desmarest sur le mouvement
progressif des glaces dans les glaciers , insérées dans
le *Journal de Physique du mois de mai 1779 , p. 383.*

F I N.